教育部职业教育与成人教育司推荐教材
中等职业教育技能型紧缺人才教学用书

轻质隔墙构造与施工工艺

（建筑装饰专业）

主　编　王　萧
副主编　武文彪
参　编　胡　波
主　审　梁玉君　马有占

中国建筑工业出版社

图书在版编目（CIP）数据

轻质隔墙构造与施工工艺/王萧主编. —北京：中国建筑工业出版社，2006

教育部职业教育与成人教育司推荐教材. 中等职业教育技能型紧缺人才教学用书（建筑装饰专业）

ISBN 7-112-08082-7

Ⅰ. 轻… Ⅱ. 王… Ⅲ. ①轻质板材-隔墙-工程构造-专业学校-教材②轻质板材-隔墙-工程施工-专业学校-教材 Ⅳ. TU765

中国版本图书馆 CIP 数据核字（2006）第 064708 号

本书着重介绍现代建筑装饰工程中最常用的板材隔墙、骨架隔墙、玻璃隔墙、活动隔墙、轻质砌块隔墙的材料和构造的基本知识，同时介绍典型轻质隔墙的施工工艺、施工机具和质量验收等方面的相关知识，并提供有代表性操作技能训练的实施方案及建议。

本书打破了传统专业教材的编写模式，体现了中等职业学校必须围绕就业导向，以能力培养为本位的思想，以项目法教学为手段，将轻质隔墙项目施工所涉及的施工图识读、材料运用、构造做法、工艺要求、配套机具和质量验收等方面知识进行有机整合，将各种典型轻质隔墙分类介绍，图文通俗易懂，数据实用而规范，并为读者进一步了解相关知识或查找有关资料作出提示。

* * *

责任编辑：朱首明　陈　桦
责任设计：董建平
责任校对：张景秋　王金珠

教育部职业教育与成人教育司推荐教材
中等职业教育技能型紧缺人才教学用书

轻质隔墙构造与施工工艺

（建筑装饰专业）

主　编　王　萧
副主编　武文彪
参　编　胡　波
主　审　梁玉君　马有占

*

中国建筑工业出版社出版（北京西郊百万庄）
新华书店总店科技发行所发行
霸州市顺浩图文科技发展有限公司制版
北京富生印刷厂印刷

*

开本：787×1092 毫米　1/16　印张：9½　字数：233 千字
2006 年 8 月第一版　2006 年 8 月第一次印刷
印数：1—2500 册　定价：**16.00** 元
ISBN 7-112-08082-7
（14036）

本社网址：http://www.cabp.com.cn
网上书店：http://www.china-building.com.cn

出版说明

为深入贯彻落实《中共中央、国务院关于进一步加强人才工作的决定》精神，2004年10月，教育部、建设部联合印发了《关于实施职业院校建设行业技能型紧缺人才培养培训工程的通知》，确定在建筑（市政）施工、建筑装饰、建筑设备和建筑智能化四个专业领域实施中等职业学校技能型紧缺人才培养培训工程，全国有94所中等职业学校、702个主要合作企业被列为示范性培养培训基地，通过构建校企合作培养培训人才的机制，优化教学与实训过程，探索新的办学模式。这项培养培训工程的实施，充分体现了教育部、建设部大力推进职业教育改革和发展的办学理念，有利于职业学校从建设行业人才市场的实际需要出发，以素质为基础，以能力为本位，以就业为导向，加快培养建设行业一线迫切需要的技能型人才。

为配合技能型紧缺人才培养培训工程的实施，满足教学急需，中国建筑工业出版社在跟踪“中等职业教育建设行业技能型紧缺人才培养培训指导方案”（以下简称“方案”）的编审过程中，广泛征求有关专家对配套教材建设的意见，并与方案起草人以及建设部中等职业学校专业指导委员会共同组织编写了中等职业教育建筑（市政）施工、建筑装饰、建筑设备、建筑智能化四个专业的技能型紧缺人才教学用书。

在组织编写过程中我们始终坚持优质、适用的原则。首先强调编审人员的工程背景，在组织编审力量时不仅要求学校的编写人员要有工程经历，而且为每本教材选定的两位审稿专家中有一位来自企业，从而使得教材内容更为符合职业教育的要求。编写内容是按照“方案”要求，弱化理论阐述，重点介绍工程一线所需要的知识和技能，内容精炼，符合建筑行业标准及职业技能的要求。同时采用项目教学法的编写形式，强化实训内容，以提高学生的技能水平。

我们希望这四个专业的教学用书对有关院校实施技能型紧缺人才的培养具有一定的指导作用。同时，也希望各校在使用本套书的过程中，有何意见及建议及时反馈给我们，联系方式：中国建筑工业出版社教材中心（E-mail：jiaocai@cabp. com. cn）。

中国建筑工业出版社
2006年6月

前言

根据建设行业技能型紧缺人才培养指导方案的指导思想，中等职业学校必须以就业为导向，以能力为本位的要求编写本书。《轻质隔墙构造与施工工艺》是建筑装饰专业（施工）的核心教学与训练项目之一。本书编写打破传统专业教材模式，体现项目法教学的特点，将轻质隔墙施工所涉及的施工图识读、材料运用、构造做法、工艺要求、配套机具和质量验收等方面知识进行有机整合，突出综合性，并按照培养目标要求，拟订了一整套分阶段、分步骤循序渐进式的操作技能训练的实施方案和建议。

为体现以构造、施工为主线和项目法教学的特点，在教材内容上将轻质隔墙按工程常用的主要构造形式及材料划分为板材隔墙、骨架隔墙、活动隔墙、玻璃隔墙和轻质砌块隔墙等五类，并将每一类型作为相对独立的项目，集中在一个单元。为了避免相似内容的重复，将各类轻质隔墙的施工图识读、通用辅助性材料及工程施工机具等共性内容，集中在第一单元介绍。

教材内容力求体现新工艺、新材料、新机具，突出实用性，强调规范性，因此在本书编写中以现行的国家标准、行业标准和国家建筑标准设计图集为依据，以最新版的建筑装饰设计、施工、材料、五金手册为参考，并以教育部和建设部提出的培养中等职业技能型人才目标为核心。教材力求图文并茂，形象体现相关内容，教材对教学活动既有明确的指导性，也有一定程度的参考性和引导性，以利教师和学生创新思维、创新能力的发挥。

本书主要用于中等职业学校建筑装饰及相关专业教学，也可作为相关行业岗位培训教材或自学用书。

本教材的教学与训练课时安排可参考下表：

教　学　项　目	课堂教学	能力训练	课时小计
单元一　轻质隔墙概述	4	6	10
单元二　板材隔墙	8	4	12
单元三　骨架隔墙	8	8	16
单元四　活动隔墙	4	0	4
单元五　玻璃隔墙	6	4	10
单元六　轻质砌块隔墙	4	4	8
课时合计	34	26	60

本书由上海市建筑工程学校王萧主编，并编写每单元中的构造与施工图部分等内容；由上海市西南工程学校武文彪担任副主编，胡波参编，并分别编写每单元中材料、施工工艺和质量验收等内容。本书由梁玉君、马有占两位老师主审。在此，对沈民康、郑昱秋、陈春红、孙弘老师的帮助与支持表示感谢。本书编写内容中如有不当之处请专家予以指正。

目　录

单元1 轻质隔墙概述

知 识 点：轻质隔墙的种类与功能特点；轻质隔墙施工图的图示特点与识读方法；轻质隔墙施工的常用材料；轻质隔墙施工常用机具与设备。

教学目标：认知轻质隔墙的种类、功能特点、施工图的图示特点与识读方法；能识别轻质隔墙的常用材料；认知常规施工机具。

课题1 轻质隔墙种类特点与施工图识读

1.1 轻质隔墙基本概念

室内空间不仅在使用方面具有功能的作用，同时对人们的视觉和心理，有着不容忽视的影响。随着建筑功能的复杂化，室内空间之间的关系也日益复杂，有的需要隔声、隔视线；有的只需要隔视线不需要隔声；有的既不需要隔视线也不需要隔声，而只需要在感觉上形成一定的层次和序列。因此，一堵堵死墙是无法满足现代人们的生活和审美需求的。室内装饰是对建筑空间作进一步分割与完善的过程，是建筑设计的深入和发展。由于建筑室内使用功能的要求，对建筑空间需进一步深入地划分，使得室内空间更丰富，造形更实用，功能更完善。轻质隔墙工程设计与施工就是完成这一任务的重要手段和方法。

隔墙是分隔建筑物内部空间的非承重墙。它广泛应用于各类新建、扩建、改建和室内装饰等工程中。在现代建筑工程中，随着轻质、高强的新型建筑材料的大量推广应用，新的绝缘技术、粘结技术、铆合技术和装饰施工工艺的实践与普及，使室内隔墙的发展进入一个崭新的阶段。除了少数工程中的隔墙因各种原因仍旧采用传统砌体材料外，大多数工程中的隔墙都会采用各种轻质材料或者自重较轻的墙体构造形式，这些隔墙可以称之为轻质隔墙。

轻质隔墙因为其自重轻，可以减轻对楼板的荷载，也便于室内空间分隔的灵活布置。轻质隔墙的墙身厚度往往比较薄，有利于增加房间的有效使用面积。轻质隔墙的最大优点是自重轻、墙身薄，可以提高平面利用系数，增加使用面积，有利于建筑工业化。

在现代房屋建筑工程中，随着房屋建筑标准的不断提高，房间使用功能的逐步细化，对隔墙功能的要求也出现了多样化的趋势。一般隔墙除了应有基本的承载力强度和刚度外，还需要满足一定的隔声、保温等要求，公共建筑、重要建筑的隔墙还应具有较高的耐火、防火性能，处于潮湿环境的隔墙则应有良好的耐湿性能，一些特殊部位的隔墙还要有吸声、反射声音、反光、采光、透光和通视等要求。随着各种新型材料的出现和各种构造形式的不断创新，轻质隔墙的材料及其构造形式呈现出多样化的趋势，并使其应用的范围越来越广。限于篇幅要求和编者掌握信息的程度，本书主要介绍我国目前在房屋建筑工程中常见、常用的一些轻质隔墙的基本构造和主要施工工艺。对一些有特殊功能要求的隔墙如防潮、防火、隔声等隔墙可以查阅国家建筑标准设计图集中有关轻质隔墙的标准图集以及相应产品说明。在本课题最后已列出，供查阅。

1.2 轻质隔墙分类及特点

1.2.1 轻质隔墙的分类

现代工业技术的飞速发展，以及新型、轻质、高强材料的广泛应用，使得现代轻质隔墙的构造做法和材料使用都发生了巨大的变化。现代建筑工程中实际采用的轻质隔墙种类很多，但我国目前尚无有关隔墙或轻质隔墙分类方面的统一标准。轻质隔墙一般分为两类：固定式隔墙和活动式隔墙（可拆装、推拉和折叠式）。

轻质隔墙按其构造方式可以分为：板材式、骨架式（立筋式）、砌块式和复合式等；按其使用的材料可以分为：木质隔墙、石膏板隔墙、玻璃隔墙、铝合金、塑料隔墙等；按其使用功能可以分为：拼装式、推拉式、折叠式和卷帘式等。其中砌块式隔墙，因其湿作业多，自重大，工业化程度低，拆装不灵活，其构造方法与传统的黏土砖相同或相似，因此已较少用于现代装饰工程中。

1.2.2 轻质隔墙的特点

（1）板材隔墙是指不需设置隔墙龙骨，由隔墙板材自承重，将预制或现制的隔墙板材直接固定于建筑主体结构上的隔墙。由于隔墙条状板材的拼装一般都采用人工方法，因此除板材尽可能采用轻质材料外，板块的尺寸及重量也不能太大。板材式隔墙具有构造和工艺简单、施工快捷等特点，适用于平直和较低的墙身，但安装板材劳动强度较高，在墙身中布设管线比较困难。目前这类轻质隔墙的应用范围仍然很广。隔墙板材通常分为复合板材、单一材料板材、空心板材等类型。常见的隔墙板材有金属夹芯板、预制或现制的钢丝网水泥板、石膏夹芯板、石膏水泥板、石膏空心板、泰柏板（舒乐舍板）、增强水泥聚苯板（GRC板）、加气混凝土条板、水泥陶粒板等。随着建材行业的技术进步，这类轻质隔墙板材的性能会不断提高，板材的品种也会不断变化。

（2）骨架隔墙是指用木材、金属型材等做骨架（龙骨），在隔墙龙骨两侧或中间安装用各种木质板、塑料板、纸面石膏板等板材做镶板或罩面板所形成墙体的轻质隔墙。这一类隔墙主要是由龙骨作为受力骨架固定于建筑主体结构上。目前大量应用的轻钢龙骨石膏板隔墙就是典型的骨架隔墙。龙骨骨架中根据隔声或保温设计要求可以设置填充材料，根据设备安装要求安装一些设备管线等等。龙骨常见的有轻钢龙骨、其他金属龙骨以及木龙骨。墙面板常见的有纸面石膏板、人造木板、防火板、金属板、水泥纤维以及塑料板等。骨架式隔墙具有构造形式灵活，在骨架内填充保温、隔声、吸声、防火等材料而形成多种性能的墙身，以及在墙身内布设设备管线容易等诸多特点，适用各种高度、厚度的墙身。骨架式隔墙是建筑工程中采用数量最多、应用范围最广的一种轻质隔墙。

（3）活动隔墙是指推拉式活动隔墙、可拆装的活动隔墙等。这一类隔墙大多使用成品板材及其金属框架、附件在现场组装而成，金属框架及饰面板一般不需再作饰面层。也有一些活动隔墙不需要金属框架，完全是使用半成品板材现场加工制作成活动隔墙。活动隔墙在大空间多功能厅室中经常使用。活动隔墙的特点是可以随意闭合或打开，可以灵活地运用室内空间，调整空间大小，具有便于拆移和改变空间大小的功能。

（4）玻璃隔墙是指用木材、金属型材等做框架，在框架内镶装玻璃制作而成。玻璃隔墙具有空透、明快、色彩艳丽、密闭性好等特点。

玻璃砖隔墙是指用木材、铝合金型材等做边框，在边框内，将玻璃砖四周的凹槽内灌注粘结砂浆，把单个玻璃砖拼装到一起而形成的隔墙。玻璃砖隔墙既有分隔作用，又有采光不穿透视线的作用，具有很强的装饰效果，属于豪华型隔墙。

玻璃隔墙或玻璃砖砌筑隔墙在轻质隔墙中用量一般不是很大，但是在某些玻璃隔墙的单块玻璃面积比较大，其安全性就很突出，因此，要对涉及安全性的部位和节点进行检查，而且每个检验批抽查的比例也应有所提高。

(5) 砌块式隔墙是泛指用各种块材砌筑而成的非承重隔墙，轻质砌块隔墙则是指用加气混凝土砌块、石膏砌块、轻集料空心砌块等轻质块材砌筑的非承重隔墙。它具有传统砌体的一般特点。

1.3 轻质隔墙施工图

1.3.1 轻质隔墙施工图识读

用来表示轻质隔墙的平面布置、外形、构造做法和施工要求的图纸叫做轻质隔墙施工图。轻质隔墙施工图包括：平面图、立面图、剖面图和构造详图。

(1) 轻质隔墙平面图的识读

轻质隔墙平面图是假设在建设区的上空向下投影所得的平面投影图。主要用来表明轻质隔墙的总体布局、隔墙与建筑的相对位置和尺寸。

看平面图的要点：

1) 首先熟悉图例（只有将常用图例记住，看图时才方便）；

2) 查看轻质隔墙周围建筑空间的情况，了解隔墙的平面布置情况；

3) 了解建筑物的平面布置和朝向；

4) 了解平面图上轻质隔墙的各部分尺寸；

5) 了解剖面图的具体剖切位置。

(2) 轻质隔墙立面图的识读

对隔墙的前面或后面所作的正投影图称为轻质隔墙立面图。立面图是用来表示隔墙的外貌和立面各个部位的形状、位置、尺寸和墙面材料及构造做法的图纸。

看立面图的要点：

1) 了解隔墙上造型，如：门、窗、洞口等的位置、高度尺寸和构造等情况；

2) 了解隔墙表面装饰及所用材料情况（在立面图中隔墙的表面装饰及所用材料情况，一般用文字说明）；

3) 了解隔墙立面各个部分的竖向尺寸和标高情况（一般靠近墙面第一道尺寸标注隔墙上各细部的高度尺寸，第二道为标注隔墙的总高度尺寸，标高的标注主要表示隔墙相对于室内地坪的相对高度）；

4) 了解各节点的详图标号。

(3) 轻质隔墙剖面图的识读

隔墙的剖面图是假想用一个垂直的面将隔墙在比较复杂、特殊的部位处竖向截开，移去前面一部分，向后面一部分作投影所得的投影图。它是用来表示隔墙内部构造特征和组成隔墙材料的图纸。剖面图与平面图有“宽相等”的关系，与立面图有“高平齐”的关系。

看剖面图的要点：

1）了解隔墙内部构造和组成隔墙的各种材料的组合情况（如骨架式隔墙中骨架与罩面材料之间的构造情况）；

2）了解组成隔墙的各种材料的分布情况；

3）了解隔墙在剖面处各部分的尺寸情况。

（4）轻质隔墙构造详图的识读

由于平、立、剖面图所用的比例较小，隔墙上许多细部的构造无法表示清楚，采用较大的比例将其画出图样，这种图叫做隔墙的构造详图，也叫大样图。如：隔墙与地面连接详图、节点构造详图等。详图一般比较容易识读，在识读时应注意详图的比例和详图表达的隔墙的具体位置。

1.3.2 轻质隔墙标准设计图集

（1）建筑标准设计图集的基本概念

标准设计是工程建设标准化的重要组成部分，是工程建设的一项重要的基础工作，是贯彻执行工程建设标准、规范、规程，促进科技成果转化并推广的重要手段和工具，对保证和提高工程质量、合理利用资源、推广先进技术都具有重要作用。工程建设标准设计图集是指国家和行业、地方对于工程建设构配件与制品、建筑物、构筑物工程设施和装置等编制的通用设计文件，是新产品、新技术、新工艺和新材料推广使用所编制的应用设计文件。

标准设计来源于大量的工程实践，是一般工程经验的升华，又高于一般工程设计。建筑标准设计图就是指建筑工程设计中，能在一定范围内通用、重复使用的图纸，一般统称为标准图。它具有以下主要特点：

1）通用性。标准设计能适应使用地区的气候、资源、经济、制造、安装条件主要建筑材料、设备的供应能力。

2）安全可靠。标准设计不仅要考虑使用时的安全，还要考虑运输、安装时的安全。

3）技术先进，经济合理。技术经济指标达到使用地区的平均先进水平。

4）便于工业化生产和装配化施工。

5）力求标准化和多样化的统一。既要标准统一、减少类型，又要提高互换性和组合变化的多样性，满足不同的需要。

（2）标准设计的分类和使用范围

标准设计按专业划分为：建筑、结构、给水排水、供配电、暖通空调等。

标准设计按其使用范围，大致可分为三类：

1）国家标准设计主管部门（建设部）批准的建筑设计标准图集，可在全国范围使用；

2）协作领导小组经各区标办主任会议通过的协作标准设计，在各区范围内使用（如华东、华北、西南地区等）；

3）省、直辖市、自治区批准的建筑标准设计图集，在相应范围内使用。

（3）轻质隔墙标准设计图集

到目前为止，已经出版发行的国家建筑标准设计中，有关轻质隔墙方面的标准图集主要有：

1）轻钢龙骨内隔墙（03J111—1）；

2）预制轻钢龙骨内隔墙（03J111—2）；

3）中空内模金属网水泥内隔墙（03J112）；

4）轻质条板内隔墙（03J113）；

5）轻集料空心砌块内隔墙（03J114—1）；

6）石膏砌块内隔墙（04J114－2）。

课题 2　轻质隔墙施工常用辅助材料

2.1　轻质隔墙施工常用锚栓

2.1.1　钉

(1) 圆钉

圆钉（见图 1-1 ）亦称圆钢钉、钢钉、铁钉。按钉杆直径分，有重型、标准型和轻型。圆钉的常用规格见表 1-1。

圆钉在使用时，其钉杆直径不宜超过薄板厚度的 1/6，否则容易造成板材开裂；在钉杆直径大于 6mm 或木质较硬时，均应预先钻孔。对于硬质木构件的钻孔孔径应为钉杆直径的 80％～90％，孔深不小于钉入深度的 60％。

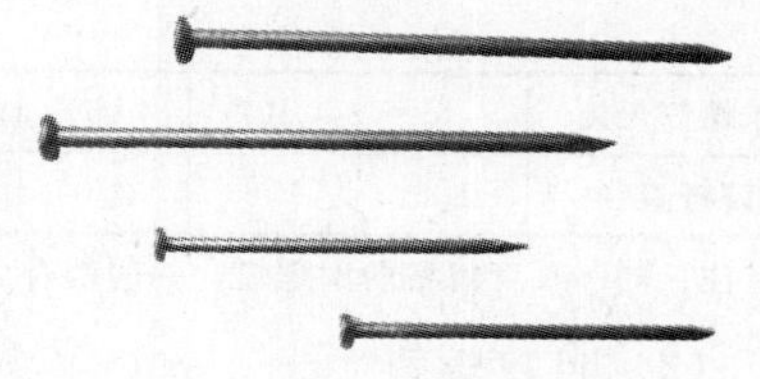

图 1-1　圆钉

圆钉的规格（单位：mm）　　**表 1-1**

钉杆长度		10	13	16	20	25	30	35	40	45	50	60	70	100
钉杆直径	重型	1.1	1.2	1.4	1.6	1.8	2.0	2.2	2.5	2.8	3.1	3.4	3.7	5.0
	标准型	1.0	1.1	1.2	1.4	1.6	1.8	2.0	2.2	2.5	2.8	3.1	3.4	4.5
	轻型	0.9	1.0	1.1	1.2	1.4	1.6	1.8	2.0	2.2	2.5	2.8	3.1	4.1

(2) 水泥钢钉

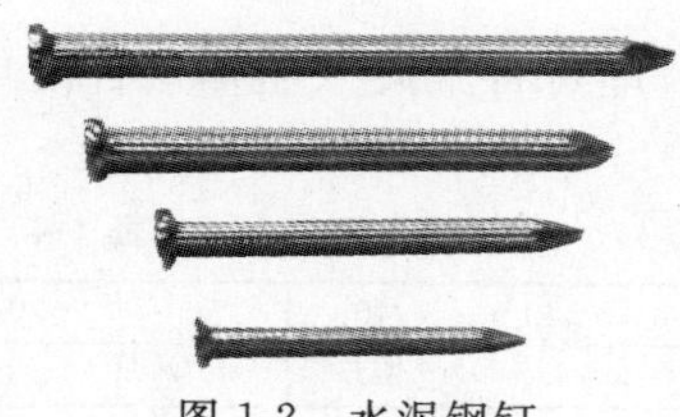

图 1-2　水泥钢钉

水泥钢钉（图 1-2）亦称特种钢钉、高强水泥钢钉、镀锌水泥钉。钉杆较粗，材料为优质中碳钢，具有较高的硬度、强度和韧性。可用手工锤将其打入混凝土、水泥砂浆层、坚实的砖和砌块砌体及薄钢板，用以固定工程中使用的一些附件、连接件或轻钢龙骨等。水泥钢钉的常用规格见表 1-2。

水泥钢钉规格（单位：mm）　　**表 1-2**

钉杆长度	10	15	20	25	30	40	50	60	70	80	90	100	130
钉杆直径	1.2	1.6	1.8	2.2	2.5	3.2	4.0	4.5	5.0	5.5	6.0	6.5	8.0

水泥钢钉在使用时，操作人员应戴防护眼镜；为防止在敲钉时钉件飞出，宜用钳子夹住水泥钉；水泥钢钉钉入基体深度应≥10～15mm。对于较坚硬的混凝土基体，宜先钻一

小孔，孔深约为钉入深度的 1/3，然后再打入水泥钢钉。

2.1.2 螺钉

(1) 木螺钉

木螺钉（图 1-3）亦称木螺丝。按钉头的形式分为沉头（平头）、圆头、半沉头（圆平头）、半圆头（平圆头）等数种。钉头开槽有一字槽和十字槽，此外尚有六角头等。其中以沉头木螺钉应用最为广泛。木螺钉的材质，除了常用的铁质外，还有铜质、不锈钢质和表面镀锌等品种。

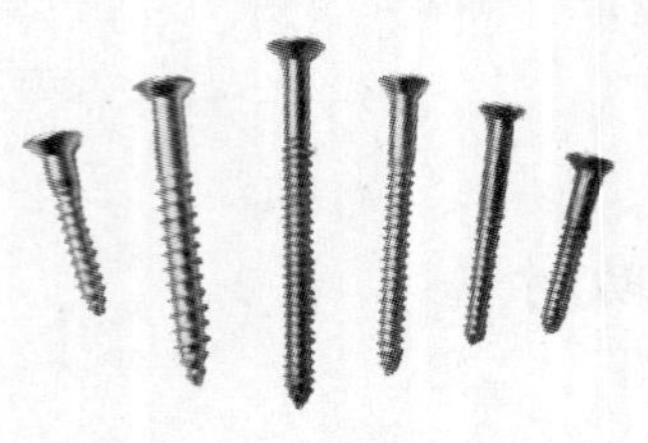

图 1-3 木螺钉（沉头）

木螺钉经常被使用于木质板材（或其他薄质板）与木龙骨的固定，金属零件、五金配件与木质材料间的紧固连接，以及与塑料胀管相配合的固结方式等。

较短较细的木螺钉可直接拧入较松的木质基材中，较粗较长的木螺钉拧入较硬的木质基材时，宜在木质基材上先钻一比木螺钉直径略小的孔，以防木材劈裂。木螺钉常用公制规格见表 1-3。

木螺钉规格（单位：mm） 表 1-3

木螺钉长度	6	10	16	20	25	30	35	40	45	50	70
钉杆直径	1.6	1.6	2.0	2.5	3.0	3.5	3.5	3.5	3.5	4.0	4.0

注：同一长度规格的木螺钉，一般都有 2～3 种直径规格。

(2) 自攻螺钉

自攻螺钉（见图 1-4）亦称自攻螺丝、快牙螺丝，为钢制，经表面镀锌钝化的快装紧固件。按其钉头开槽形式分，有十字槽、一字槽两种。按螺钉头的形状，分别有沉头（平头）、半圆头（平圆头）、半沉头（圆平头）、盘头（平圆头）和六角形等。

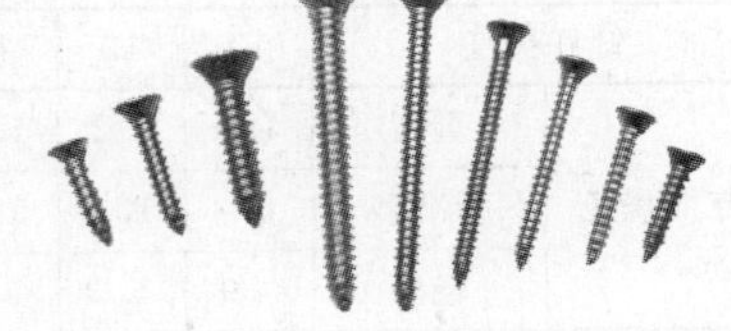

图 1-4 自攻螺钉（沉头）

自攻螺钉较广泛应用于薄金属（铝、铜、低碳钢等）制件与金属主体构件之间的紧固连接，亦可用于木质制件及各种新型板材（如纸面石膏板、纤维水泥加压板等）与木质或金属主体构件之间的固结。螺钉本身具有较高的硬度，只需事先在主体制件上钻一相应的推荐孔，即可将其旋入主体制件之中。自攻螺钉的常用规格见表 1-4。

自攻螺钉规格（单位：mm） 表 1-4

螺钉长度	6	10	16	20	25	30	35	40	45	50	70
钉杆直径	1.6	1.6	2.0	2.5	3.0	3.5	3.5	3.5	3.5	4.0	4.0

注：同一长度规格的自攻螺钉，一般都有 2～3 种直径规格。

(3) 墙板自攻螺钉

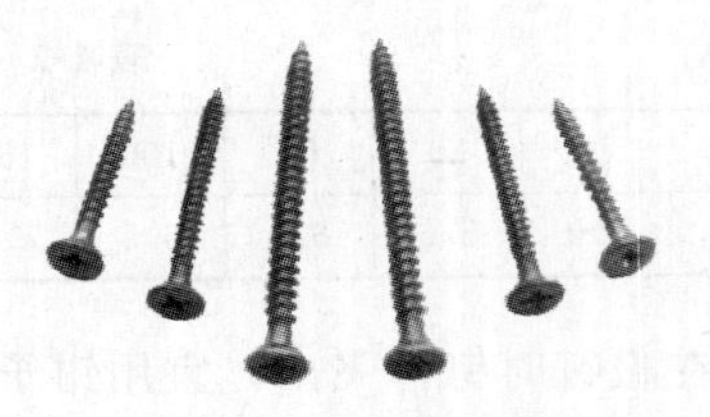

图 1-5 墙板自攻螺钉

墙板自攻螺钉（图 1-5）是一种主要适用于在轻钢龙骨上固定纸面石膏板等板材的一种专用自攻螺钉。墙板自攻螺钉的材质比普通自攻螺钉好，螺钉头形式常用的是十字沉头式，但其钉头与钉杆交接处呈曲线状。采用墙板自攻螺钉在轻钢龙骨上固定纸面石膏板，不需要事先在轻钢龙骨上钻孔，能将螺钉一次快速直接拧入龙骨，钉头沉入板面也不易损坏纸面。墙板自攻螺钉常用规格见表 1-5。

墙板自攻螺钉规格（单位：mm） **表 1-5**

螺钉长度	19	25	35	40	45	50	60	70
钉杆直径	3.5	3.5	3.5	3.9	3.9	4.2	4.2	4.2

2.1.3 膨胀螺栓

(1) 塑料膨胀螺栓

塑料膨胀螺栓（图 1-6）亦称塑料胀铆螺栓、塑料胀管等。材质一般为聚乙烯或聚丙烯等，其外形有多种样式并具有不同的使用性能，可以分为普通型、通用型、万能型、锤击型、加气混凝土专用型等若干种类，其中普通型的应用最广泛。

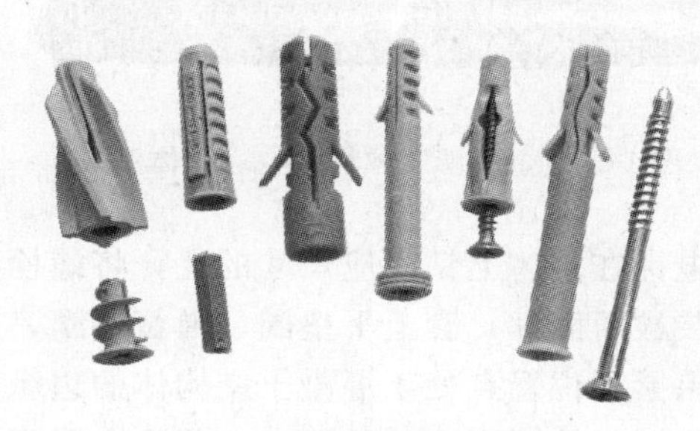

图 1-6 塑料膨胀螺栓

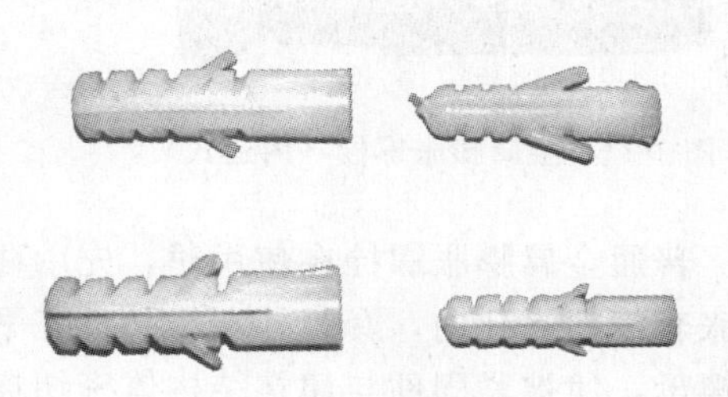

图 1-7 普通塑料膨胀螺栓

塑料膨胀螺栓通常使用于受力不大的固结施工，或是用于潮湿、有腐蚀性气体等介质的环境。塑料膨胀螺栓在使用时，先在基体上用冲击钻或电锤钻出相应直径和深度的孔，把胀管塞入孔中，然后将木螺钉、自攻螺钉或专用螺钉穿过被固定件的通孔，旋入或敲入胀管内紧固。普通塑料膨胀螺栓（图 1-7）的常用规格及应用技术参数见表 1-6。

普通塑料膨胀螺栓的规格及应用技术参数（单位：mm） **表 1-6**

塑料胀管直径		6	8	10	12
塑料胀管长度		31	48	59	60
适用螺钉规格	直径	3.5、4.0	4.0、4.5	5.0、5.5	5.5、6.0
	长度	被固件厚度＋胀管长度＋10			
基体钻孔直径	直径	混凝土基体：比胀管直径小 0.3 加气混凝土基体：比胀管直径小 0.5～1.0			
	深度	胀管长度＋10～12			

(2) 金属膨胀螺栓

金属膨胀螺栓亦称金属胀管、胀铆螺栓等。金属膨胀螺栓用于将装饰工程的构件或连接件紧固于混凝土或砖、石砌体基体上。根据金属膨胀螺栓的构造形式及其锚固方法和外观效果的不同，可以分为普通型（图 1-8）、锤击型（图 1-9）、外迫型（图 1-10）、内迫型（图 1-11）、空心基体型（图 1-12）等若干种，其中普通型应用比较广泛，它由锥形螺栓头、膨胀套管、平垫圈、弹簧垫圈和六角螺母组成。各种金属胀管大部分采用钢制并经表面镀锌处理，另外也有不锈钢制品。

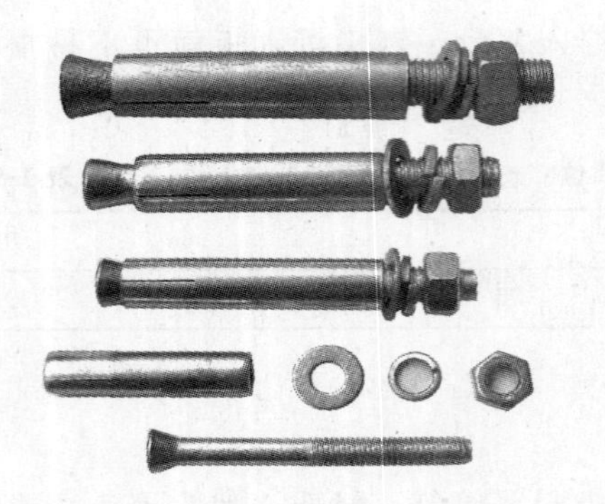

图 1-8　金属膨胀螺栓（普通型）

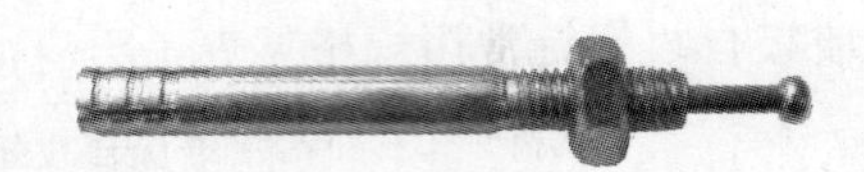

图 1-9　金属膨胀螺栓（锤击型）

图 1-10　金属膨胀螺栓（外迫式）

图 1-11　金属膨胀螺栓（内迫式）

图 1-12　金属膨胀螺栓（空心基体型）

普通金属膨胀螺栓在使用时，先用冲击钻或电锤在基体上钻相应尺寸的孔，将螺栓与膨胀套管插入孔内，套管外端与孔口齐平，再安装被紧固件，套上平垫圈、弹簧垫圈，旋紧螺母，使被紧固件与建筑结构体密切连接。如果紧固位置点处于混凝土结构体的边缘部位，应满足紧固点距基体边缘的最小距离尺寸不小于螺栓直径 2 倍的要求。普通金属膨胀螺栓的常用规格及应用技术参数见表 1-7。

普通金属膨胀螺栓的常用规格及应用技术参数（单位：mm）　　表 1-7

螺栓直径	螺栓长度	胀管		被固件及钻孔要求		
		外径	长度	被紧固件厚度	钻孔直径	钻孔深度
M6	65、75、85	10	35	10、20、30	10.5	35
M8	80、90、100	12	45	15、25、35	12.5	45
M10	95、110、125	14	55	20、35、50	14.5	55
M12	110、130、150	18	60	20、40、60	19	65
M16	150、175、200	22	90	30、55、80	23	90

2.2　轻质隔墙施工常用接缝材料

2.2.1　纸面石膏板隔墙嵌缝腻子

纸面石膏板嵌缝腻子是以石膏粉为基料，掺加一定比例的有关添加剂配制而成。主要适用于纸面石膏板隔墙、纸面石膏板复面板接缝部位的嵌缝。

纸面石膏板隔墙嵌缝腻子具有较高抗剥离强度；有一定的抗压及抗折强度；无毒，不燃；和易性好；初凝、终凝时间适合施工操作；在潮湿条件下不发霉腐败等特点。

纸面石膏板嵌缝腻子按形态可分为：胶液（KF80-1）和粉料（KF80-2）两种。胶液（KF80-1）是嵌缝腻子拌合用的添加剂胶溶液，和石膏粉拌合后使用。粉料（KF80-2）是石膏粉和添加剂拌合好的粉料，使用时用水拌合。为提高接缝处的保温性，预防“冷桥”现象出现，也可在石膏中掺合珍珠岩配制。

纸面石膏板嵌缝腻子的技术性能见表 1-8。

纸面石膏板嵌缝腻子（KF80）的技术性能 表 1-8

技术性能		指标
凝结时间(min)	初凝	>30
	终凝	<70
筛除率(%)	1.25mm	0
	0.20mm	<2
抗折强度(MPa)		>3
抗压强度(MPa)		>5
抗剥强度(N/50mm)		>20
腐败试验(在温度 29～35℃及相对湿度 85%～95%的条件下)		经 10h 试验不腐败
裂缝试验(在风速 1.8～2.3m/s,温度在 21～29℃,相对湿度 45%～55%的条件下)		经 16h 试验无任何裂纹
纸带与嵌缝腻子的粘结面积(%)		90～100
嵌缝腻子与纸带粘合体边缘上的裂缝(在温度 29～35℃,相对湿度 26%～28%,风速 1.8～2.3m/s 的条件下经过 1h)		无

2.2.2 轻质隔墙接缝带

轻质隔墙接缝带，主要用于纸面石膏板、纤维石膏板、水泥石膏板等轻质隔墙板材之间的接缝部位，起连接板缝作用，以避免板缝开裂，改善隔声性能增强装饰效果。常用的有玻璃纤维接缝带和接缝纸带（又名穿孔纸带）两类。

(1) 玻璃纤维接缝带

是玻璃纤维为基本材料，经表面处理而成的轻质隔墙接缝材料。它具有横向抗张强度高，化学稳定性好、吸湿性小、尺寸稳定、不燃烧等特性，并易于粘结操作。玻璃纤维接缝带见图 1-13。玻璃纤维接缝带的规格和技术性能见表 1-9。

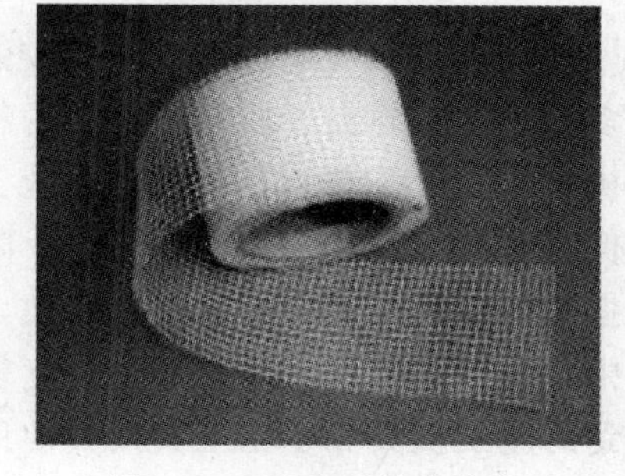

图 1-13 玻璃纤维接缝带

玻纤接缝带的规格和技术性能 表 1-9

一般规格(mm)		技术性能		
宽度	厚度	项目		指标
50	0.2	密度(目/25.4mm)		10～14
		横向抗张强度(N/15mm)		>80
		湿变形(%)	纵向	<0.4
			横向	<1.2
		与嵌缝材料粘结面积(%)		100
		与嵌缝材料粘结边缘裂缝(%)		无
		与嵌缝材料粘结剥离强度(N/15mm)		>30
		与嵌缝材料粘附力(N)		>10

（2）接缝纸带

以未泡硫酸盐木浆为原料，采取长纤维游离打浆，低打浆度，掺加补强剂和双网抄造工艺，并经打孔而成的轻质隔墙接缝材料。接缝纸带具有厚度薄、横向抗张强度高、湿变形小、挺度适中、透气性好等特性，并易于粘结操作。其规格和技术性能见表1-10。

接缝纸带规格和技术性能 **表 1-10**

一般规格(mm)		技术性能		
宽　度	厚　度	项　　目		指　标
50	0.2	横向抗张强度(N/15mm)		＞80
		纵向受力(N)		＜7
外观为浅褐色，表面有微细绒毛及不规则分布针孔。每盘卷纸长 150m		湿变形(%)	纵向	＞90
			横向	＜2.5
		与嵌缝材料粘结面积(%)		＞90
		与嵌缝材料粘结边缘裂缝(%)		＜10
		与嵌缝材料粘结剥离强度(N/15mm)		10～30

课题 3　轻质隔墙施工常规施工机具

目前市场供应的各类通用性较强的施工机具和手工工具，呈现出品牌多、品种多、规格多、价格差异大、质量差异大的特点。另外不少材料生产企业，同时也能提供部分专用的机具和手工工具。在轻质隔墙施工中，合理选择正确使用各种施工机具和手工工具，才能保证施工质量，提高作业效率，降低劳动强度，确保作业安全。不少的手工工具还可以根据各地传统和操作者的使用习惯，由操作者自行加工制作。本书主要介绍在轻质隔墙施工中，经常用到的一些标准化程度较高、通用性较强、由专业厂生产、可以从市场直接采购到的施工机具和手工工具及其使用要点。

3.1　轻质隔墙施工常规机具

3.1.1　电动机具

（1）电钻

电钻又称手电钻、手枪钻，是用来对金属、塑料、木料或其他类似材料或工件进行钻孔的电动工具。其特点是体积小、重量轻、操作方便、工效高。电钻是建筑装饰装修工程施工中最常用的手持式电动工具。电钻的种类较多，根据钻头规格及安装方式，一般13mm 及以下的电钻采用钻夹头，13mm 以上采用莫氏锥套筒。为适应不同材料及钻头的钻削要求，有单速、双速、四速和无级调速等电钻。根据采用麻花钻的最大直径，电钻的规格一般分为 6、10、13、19mm 等几种。根据电钻的供电方式有交流电电钻（图 1-14）和充电式电钻（图 1-15）两类，其中充电式电钻具有使用安全、移动方便等特点，特别适用于无电源插座和临空高处作业场合。

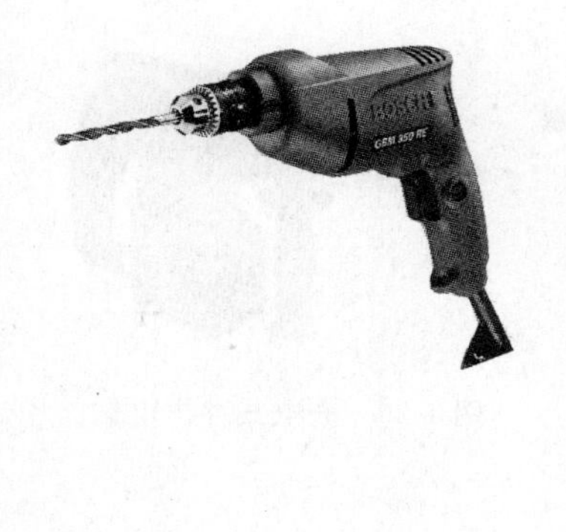

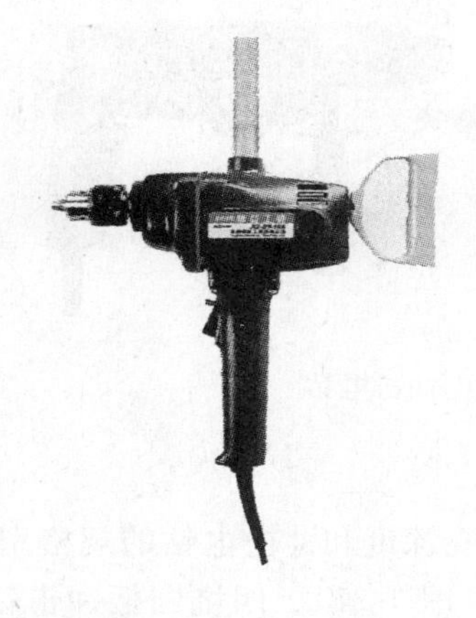

图 1-14　交流电电钻　　　　图 1-15　充电式电钻

电钻使用要点：

1）应根据钻孔直径和材料的材质及厚度，选择钻头类型和电钻的规格型号。常用的钻头有麻花钻头（图 1-16）、木工钻头（图 1-17）、金属扩孔钻头（图 1-18）等；

图 1-16　麻花钻头

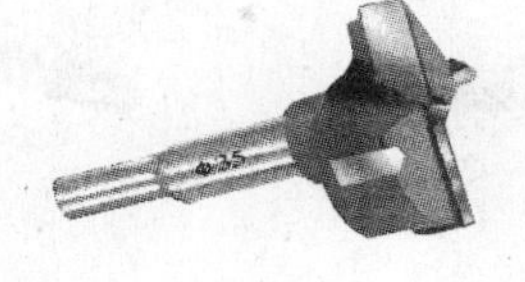

图 1-17　木工钻头

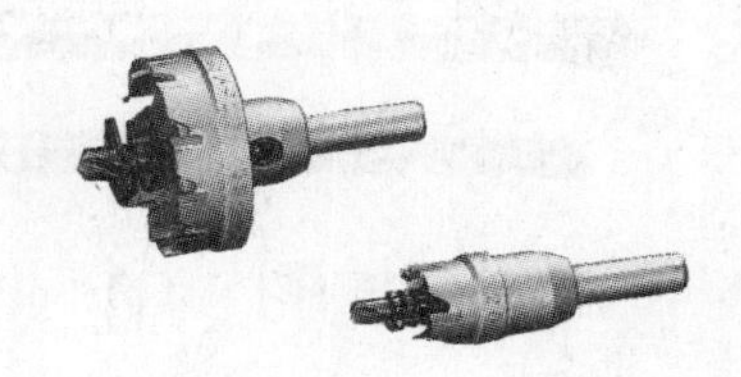

图 1-18　金属扩孔钻头

2）电钻夹头滚柱等转动部件和电机应定期加注润滑油，防止锈蚀；

3）电钻用完后要随时拆下钻头，清除残屑尘土；

4）经常检查电钻各种部位的坚固情况，确保各连接处无松动；

5）使用中电机发热时，要暂停作业，待电机冷却后再工作；

6）应有漏电保护，电源线不准随地拖拉，更不允许用电线拖拉机具；

7）只可单人操作，使用辅助把柄时，应双手握持，两脚站稳；

8）出现卡钻、偏心时，应立即松开开关，再作调整处理，严禁靠改变用力来调整；

9）操作者不得戴手套，留有长发者应戴好工作帽；

10）仰面作业要戴防护眼镜。

（2）冲击电钻

冲击电钻是可调节式旋转带冲击的特种电钻。当把旋钮调到纯旋转位置，装上一般钻头可像普通电钻一样使用；如把旋钮调到冲击位置，装上镶有硬质合金的冲击钻头，就可以在混凝土、石材、砖砌体等类似材料上钻孔。冲击电钻经常用于装饰装修工程施工中，需要在混凝土、砌体等基底材料上设置各种锚栓时钻孔。冲击电钻按其转速，分为单速、双速等几种。冲击电钻的规格按其钻头最大直径分为 10、12、16、20mm 等几种。根据冲击电钻的供电方式有交流电冲击电钻（图 1-19）和充电式冲击电钻（图 1-20）两类。

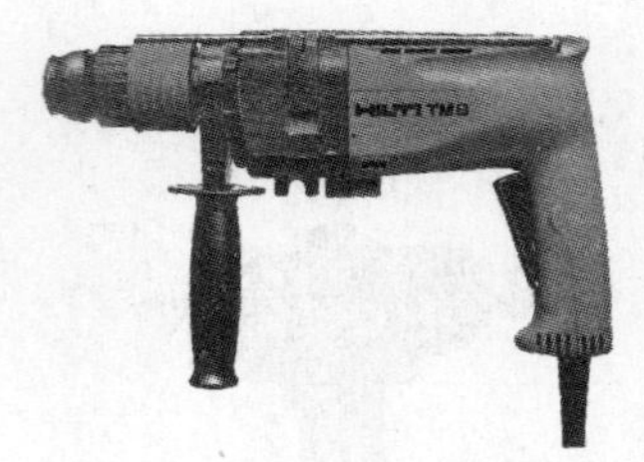

图 1-19　交流电冲击电钻

图 1-20　充电式冲击电钻

冲击电钻使用要点：

1）应根据钻孔直径、钻孔深度和冲击电钻的规格型号，选用适当的钻头。冲击电钻常用的钻头有圆柄冲击钻头（图 1-21）、四坑圆柄冲击钻头（图 1-22）、五坑圆柄冲击钻头（图 1-23）、四坑方柄冲击钻头（图 1-24）、六角柄冲击钻头（图 1-25）和混凝土扩孔钻头（图 1-26）等；

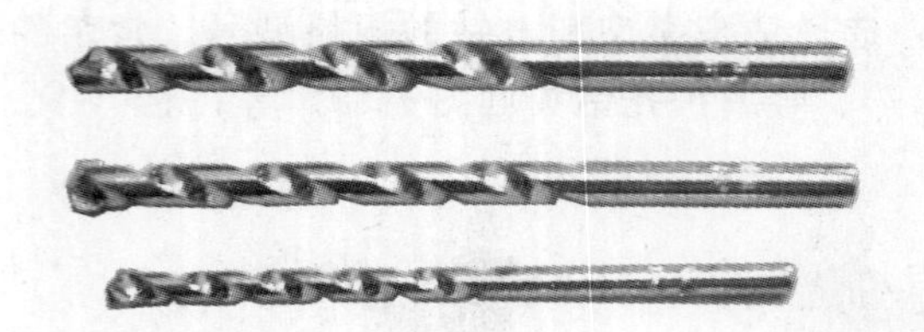

图 1-21　圆柄冲击钻头

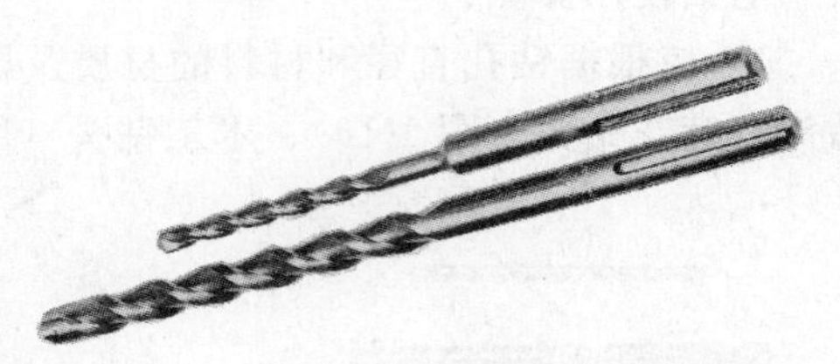

图 1-22　四坑圆柄冲击钻头

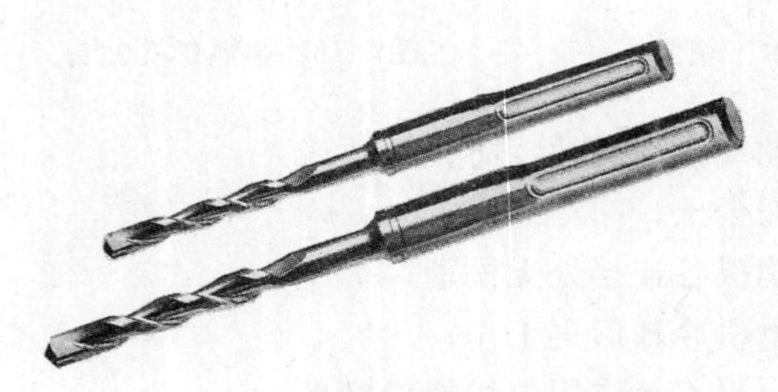

图 1-23　五坑圆柄冲击钻头

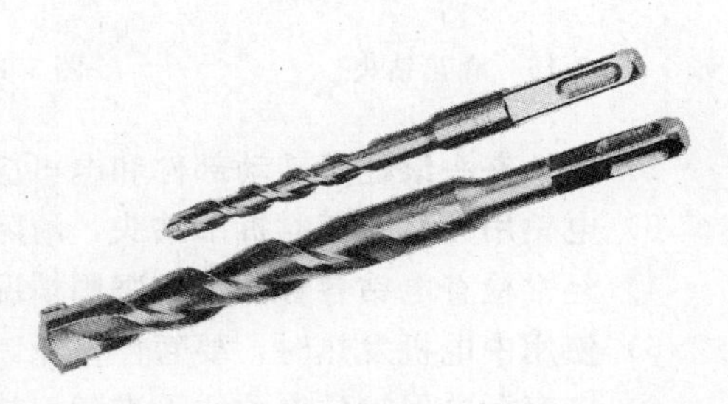

图 1-24　四坑方柄冲击钻头

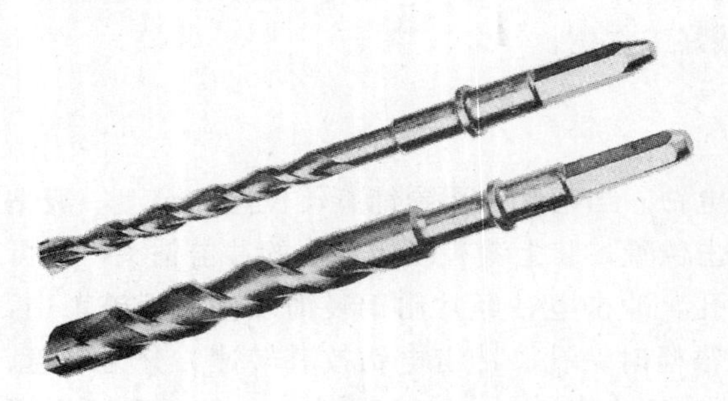

图 1-25　六角柄冲击钻头

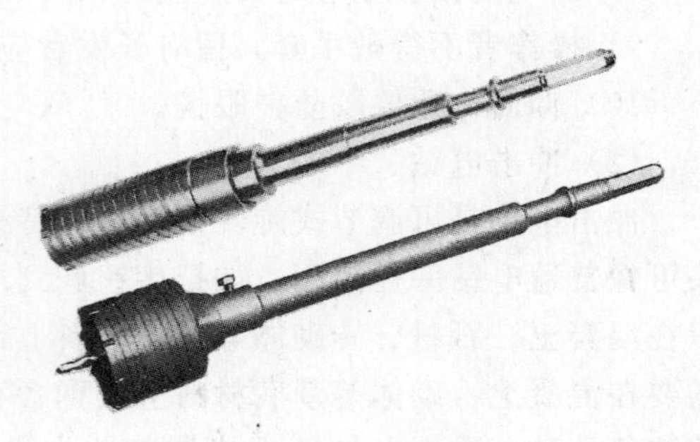

图 1-26　混凝土扩孔钻头

2）操作中发现异常现象或卡住钻头，转速不正常，应停机拔出检查，消除隐患；

3）定期拆机作全面检查，传动装置、转动部位要清洁，定期更换润滑油；

4）操作者应戴防护眼镜，留长发者应戴好工作帽；

5）操作现场严禁有易燃易爆物品；

6）只许单人操作，避免他人用棍棒压持作业；

7）出现卡钻头时，应停机调整，严禁带电强拉、硬拔、硬压和用力强扭；

8）操作人员不准戴手套，双脚一定要站稳；

9）应有漏电保护，电源线不准随地拖拉，更不允许用电线拖拉机具；

10）工作完后先关控制开关，再拔电源插头。工作前应确认开关在断开位置，方可插电源。

（3）电锤

电锤（图1-27）的工作原理与冲击电钻基本相同，它兼有冲击和旋转两种功能，并有较大的功率。在电锤上装镶有硬质合金的冲击钻头（图1-28）就可以在混凝土、石材、砖砌体等类似材料上钻孔。在电锤上配用尖凿（图1-29）、扁凿（图1-30）、沟凿（图1-31）等，可在混凝土、砌体上进行开槽、凿毛等作业。电锤的规格以在混凝土上进行钻孔时的最大直径为主要参数，一般有16、18、22、26、32、38、50mm等若干种。

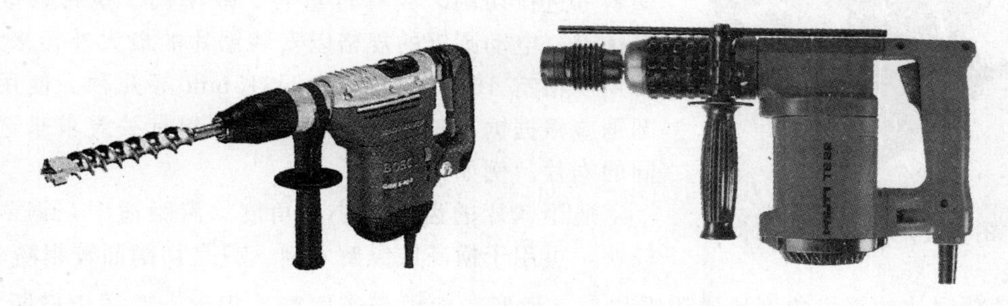

图1-27　电锤

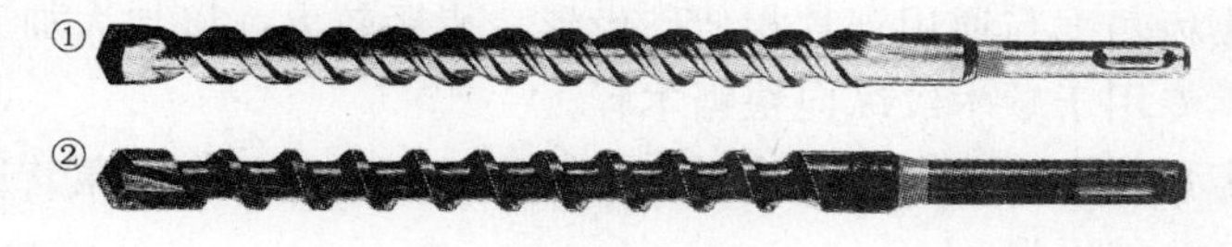

图1-28　电锤钻头

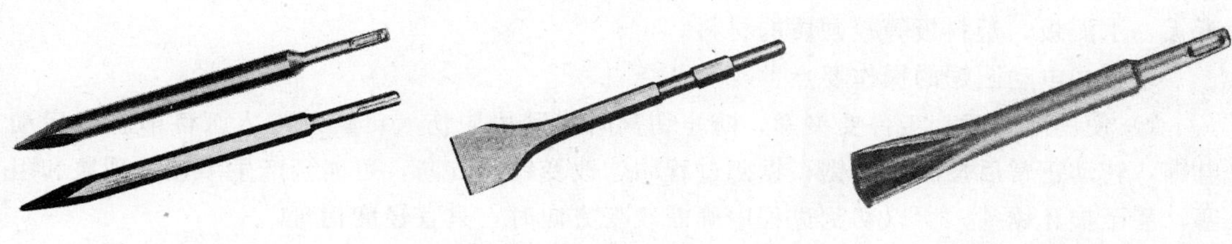

图1-29　尖凿　　图1-30　扁凿　　图1-31　沟凿

电锤的使用要点与冲击电钻的使用要点基本相同。

（4）电动螺钉旋具

电动螺钉旋具（图 1-32），亦称电动螺丝刀、电动起子，是一种带有无级变速和正、反双向旋转的特种电钻。它主要用于各种螺钉的拧固等；当配上磁性钻头、螺钉托座和可调节拧紧深度的定位器时，可专用于自攻螺钉的拧固。在装饰装修工程施工中，可选择较小规格的电动螺钉旋具，用于各种直径较细、数量较多的自攻螺钉、木螺钉的安装。

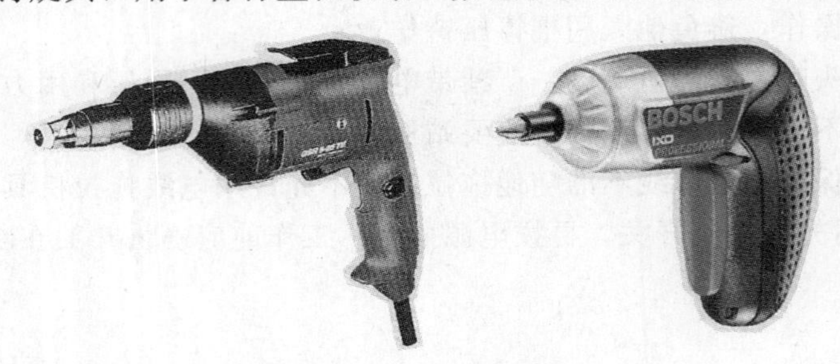

图 1-32 电动螺钉旋具

电动螺钉螺具的使用要点与电钻的使用要点基本相同。

（5）手持式电动圆锯

图 1-33 手持式电动圆锯

手持式电动圆锯（图 1-33）可用于木材、木质板材、塑料等进行切割。具有自重轻、效率高、携带移动方便等优点。电动圆锯的规格以安装锯片的最大外径来划分，常用规格有 160、200、250、315mm 等几种。使用电动圆锯应根据锯割材料的材质、尺寸和有关要求来选择不同的锯片。例如：

通用锯片的齿形大小、角度、齿距适中，锯割速度较快，可用于横断或纵解木料，只是切割面较粗糙。

横断锯片的锯齿角度比通用锯片大，齿形、齿距与通用锯片相近，专用于横断木料，且切面较光滑。

纵解锯片的锯齿角度与通用锯片相似，齿形、齿距较大，以加大加工木屑和锯缝，从而减少夹锯现象，专用于顺木纹纵向快锯木料。

波浪锯片的齿形较小，平滑呈波浪形，专用于切割薄形材料，尤其适用于塑料、胶合板的切割，其锯口比较平滑。

尖端锯片的齿形与通用锯片相似，但齿根部及外圆经热处理硬度较高。适用于锯割石膏板、水泥板、塑料板等较硬质的材料。

手持式电动圆锯的操作要点：

1）使用电锯时，工件要夹紧，防止切割时滑动甩脱伤人，锯片吃入工件前就应启动电锯，转动正常后按画线下锯；锯割过程中，改变锯割方向，可能会产生卡锯片现象和阻塞，甚至损坏锯片，所以切割过程中确需改变方向时，只宜轻度拐弯。

2）切割不同的材料应采用不同的锯片，不得用一种锯片切割任何材料。

3）要保持右手紧握电锯，左手离开，电缆应避开锯片，以免妨碍操作和锯破电缆漏电。

4）锯割快结束时，要强力握住电锯，以免发生倾斜和翻倒，锯片没有完全停止转动前，手不得靠近锯片。

5）更换锯片时，要将锯片转至正确方向（锯片上右箭头表示）；使用锋利锯片，可提高工效，也可避免钝锯片长时间摩擦而引起危险。

6）操作人员不准戴手套，宜戴防护眼镜，留长发者应戴好工作帽。

（6）电动曲线锯

图 1-34　电动曲线锯

电动曲线锯（图 1-34）适用于在木材、金属材料、塑料、石膏、石棉水泥制品等板材上进行曲线切割。电动曲线锯的规格主要根据锯条锯割的工作长度来划分，常用规格有 50、75、100mm 等几种。

电动曲线锯使用要点：

1）应根据所锯割工件的材质、厚度选好机具后，再根据工艺要求选择锯条。

2）先将曲线锯底板紧贴在工件表面，若工件太薄，可用废料夹紧工件以加厚工件；按下开关后待锯条达到全速后靠近工件，然后均匀平稳地向前推进。

3）在工件中间锯割曲线时，先用电钻钻一个孔，以便锯条插入，锯割过薄板料发现工件有反跳时，是锯条齿距过大的缘故，应更换细齿锯条后再锯割。

4）使用导尺可以确保更高的精确度，如圆形导件，可准确切割圆弧线。

5）切割斜面时应在操作前拧松底板调节螺旋，使底部旋转，当底板转到所需角度时再拧紧调节螺旋，紧固底板。

6）切割过程中，不可将锯条任意提起，如遇异常情况，先切断电源再进行处理。为确保切割的线条平滑，不宜把锯从所切割的锯缝中拿开。

7）锯条磨损变钝应及时更换，更换锯条前，必须先拔下电源插头。

（7）电动往复锯

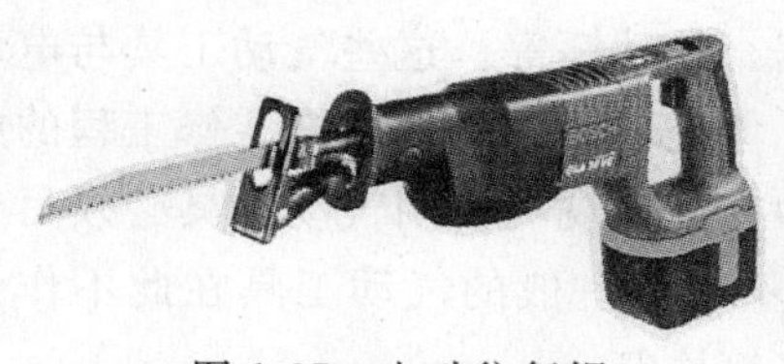
图 1-35　电动往复锯

电动往复锯（图 1-35）是装饰作业中用来切割材料的一种小型机具，木材、金属材料、塑料、石膏、石棉水泥制品等都可以用往复锯切割，尤其是已安装好的装饰面上，需要锯掉多余部分、开洞（如电盒、风口等）等，因场地狭窄，操作不便，用往复锯就显示出其优越性。但往复锯加工精度较差。电动往复锯的规格不多，主要是锯条长度、锯齿齿距和锯条材质的区别。

电动往复锯的使用要点：

1）应根据锯割材料的材质、尺寸和有关要求来选择不同的锯条；

2）根据工件厚度、加工空间，调整滑杆的行程；

3）做好电源、开关灵活性、锯条安装等工前检查，确认可靠后方可开机；

4）开锯时，双手要紧握机具，刀架紧靠在工件上，不得留有空隙；

5）锯条达到全速时，开始锯割，开始时应慢慢向前推送锯条，用力要均匀；

6）切割金属材料应使用冷却剂，以免锯条过热；

7）钝锯条或破损的锯条不宜使用，以免电机过热；

图 1-36　电动型材切割机

8）操作人员不准戴手套，宜戴防护眼镜，留长发者应戴好工作帽。

（8）电动型材切割机

电动型材切割机（图 1-36）是一种比较轻便、可移动使用的电动工具，它根据砂轮磨削原理，利用高速旋转的薄片砂轮来切割各种金属型材。电动型材切割机具有切割速度快，生产效率高，切割断面平整，垂直度好，光洁度高等特点。电动型材切割机的规格主要以安装最大砂轮片直径来划分，常用的规格有 ϕ250、ϕ300、ϕ350、ϕ400 等几种。

电动型材切割机使用要点：

1）型材切割机应放置在地上、楼板上，不得架高使用；

2）工件必须夹紧并尽量保持水平，工件较长时，可将工件另一端垫高；

3）操作中，手柄一定要握牢，为防止启动时的冲力，全速转动后方可开始切割；

4）操作时，操作者应站在机具后部偏左侧，电线理顺摆好，尤其不得放在被切割的工件下面；

5）切割工件时，飞溅的火花较多，所以切割四周不得有易燃易爆物品，以免发生火灾；

6）工件与切割片高速磨削致使切割片和工件切口温度骤增，不得用手去触摸工件切口及刚停机的切割片，以免烫伤；

7）切割作业时，操作人员应集中精力，避免左右摇摆卡断切割片飞出伤人，其他人员不得站在火花飞出的方向。

3.1.2　气动机具

气动机具（亦称风动机具）的种类较多，其中使用功能与电动工具相似的有气动钻、气动螺钉旋具、气动冲击钻、气动往复锯、气动曲线锯、气动锤等。这些气动工具与电动工具相比，具有自重轻、耐用性好、使用安全等优点。但是气动工具在装饰装修工程的施工中，实际应用数量及普及程度比不上电动工具，因为在施工现场使用气动工具必须另外配备空气压缩机（气泵），由此带来频繁移动使用上的不便。一般的气动工具在此不作详细介绍。下面主要介绍目前在施工中应用较为普遍的气钉枪等。

（1）气钉枪

气钉枪用气动打射排子 U 形钉、直形钉（图 1-37）等来紧固装饰工程中木制装饰板、木结构构件，是一种比较先进的工具。它取代传统手工锤击敲钉，具有速度快、省力、装饰面板不露钉头痕迹、轻巧、携带方便、使用经济、操作简单等优点。

气钉枪主要由气钉枪，气泵，连接管线组成。它是利用有压气体（空气）作为介质，通过气动元件控制机械和冲击气缸，实现机械冲击往复运动，推动连接在活塞杆上的击针，迅速冲击装在钉壳内的气钉，达到连接各种木质构件的目的。

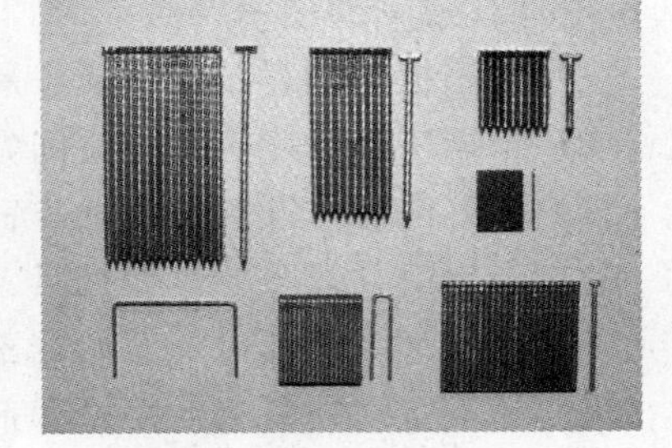
图 1-37　气钉（U 形钉、直形钉）

气钉枪根据气钉的种类分为：码钉枪（图 1-38）、蚊钉枪（图 1-39）、直钉枪（图 1-40）、卷钉枪（图 1-41）等几种。

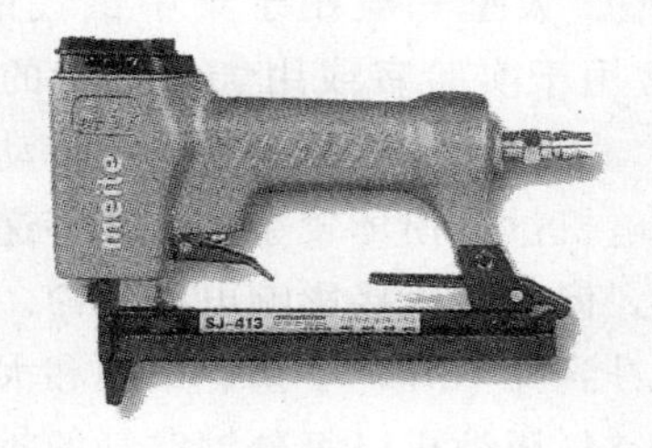

图 1-38　码钉枪

图 1-39　蚊钉枪

图 1-40　直钉枪

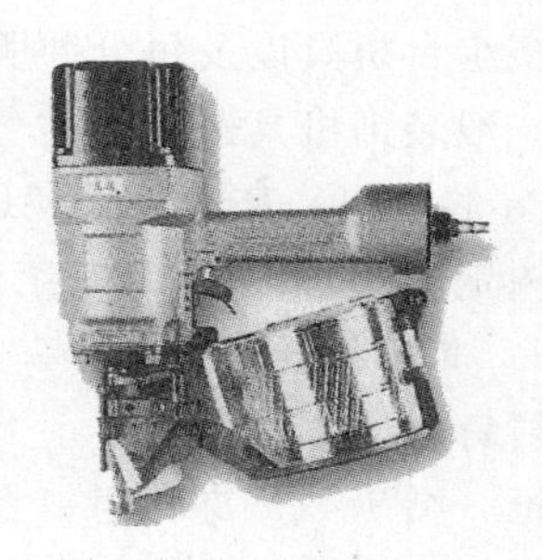

图 1-41　卷钉枪

气钉枪的使用要点：

1）工作前检查机具各部件是否完好有效；

2）操作时应戴上防护镜；

3）操作时不得将枪口对准人；

4）正在使用的气钉枪，其气压应小于 0.8MPa；

5）钉枪使用完后或钉枪需要调整、修理、装钉时，必须取下气体连接器，取出所有的钉；

6）不得用于除木质以外的其他材质的连接固定；

7）必须使用干燥的气体；

8）应及时更换易损件，擦洗灰尘，用带尖的小工具取出卡住的钉；

9）机具使用完毕后，要存放在固定的机架上，不得乱扔、乱放，以免零件变形损坏；

10）应保持机具清洁，每次使用完后，应对整个机具进行擦洗上油。

(2) 空气压缩机

空气压缩机（图 1-42 ）亦称气泵，是各类气动工具不可缺少的配套设备。空气压缩机主要由气缸、活塞、连杆、曲轴、电机及外壳等部件组成。其工作原理是：电机转动经皮带传动，使压缩机曲轴作旋转运动，同时带动连杆使活塞作往复直线运动。由于气缸内空气因容积变化而导致其压力变化，配置在气缸端部的吸排气组合阀将自由状态的空气经过消声过滤器进入气

图 1-42　空气压缩机

缸，压缩成达到设计要求的压缩空气，在风扇的冷却下，经排气管通过单向阀进入储气罐。

空气压缩机按体积分有大型、中型、小型和微型。大型一般用于集中供气的泵站，中、小型一般用于现场移动式供气站，小型和微型常用于实验室或用气量很少的操作场地。按气缸个数分，空气压缩机有单缸、双缸和多缸。空气压缩机按其与电机传动连接方式分有皮带传动式和直接传动式。其中皮带传动式对电机过载损坏较小，但其传递功率较小，直接传动式正好相反，对电机输出的功率损耗小，但过载直接影响电机寿命。空气压缩机按每分钟排气量分类，微型的每分钟排气量有几升到几十升，小型、中型和大型的每分钟排气量在几百升到几千升不等，一般情况下选择空气压缩机以每分钟空气的排气量为依据是比较合理的。空气压缩机的选择原则是用气量的大小，用气量应以每台空气压缩机需要带动多少台机具以及每分钟所需排气量的总和而定。每种机具、型号不同，用气量是不同的。一般装饰机具选用的空气压缩机，每分钟排气量要在200～900L为宜，压力在0.4～1MPa的范围，基本可以满足需要。需要恒压的机具可在空气压缩机排气口安装减压阀（或叫定压阀），以满足其工作需要。

3.1.3 其他机具

(1) 射钉枪

射钉枪（图1-43）亦称射钉器是利用枪击发射钉弹，使弹内火药燃烧释放出能量，将射钉直接打入钢铁、混凝土、砌体等硬质基体中。

图1-43 射钉枪

射钉枪是一种不用电源或风源的手持式射钉紧固机具，体型轻巧，操作快速。目前国内市场能够提供的射钉枪规格种类主要根据钉管直径可分为：6、8、12mm等几种，其中使用最多的是8mm规格；根据钉弹和射钉的装发数量不同，可以分为单发和十连发供弹、十连发供钉（图1-44）等几种。

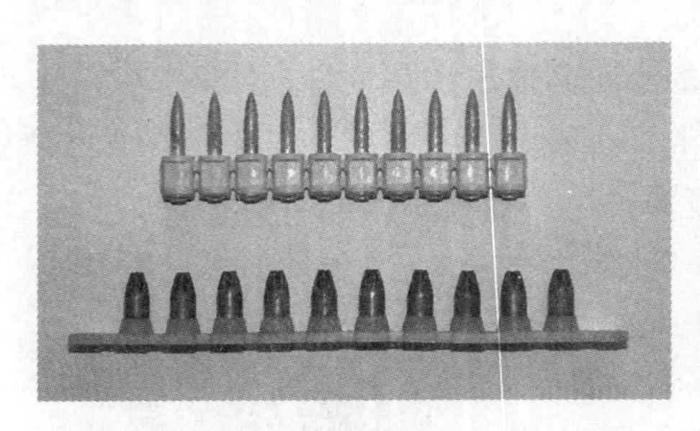

图1-44 十连发钉弹和十连发射钉

用射钉枪在混凝土、钢材基体材料上锚固装饰装修件及配件，应根据锚固件材质及厚度、不同的基体材料及其强度和对锚固力的要求，选择适用的射钉弹和射钉。

射钉弹按其直径和长度划分基本规格型号，每一种规格型号的射钉弹通常用色标表示其威力等级水平，如黑、红色表示威力较大，黄、蓝色表示威力中等，绿、白色表示威力较小。在强度不明的基体材料上打射钉时，宜首先选用威力较小的弹种，然后再逐步改大，直至达到满意效果。

射钉有普通射钉、螺纹射钉和带孔射钉（图1-45）等几种。普通射钉可以直接锚固装饰材料或配件，尾部有螺纹的射钉，便于在其上拧螺母灵活锚固装饰件，尾部带孔的射钉可方便穿挂细钢筋、粗铅丝等；在混凝土基体上一般采用光杆射钉（图1-46），在钢材基体上宜采用滚花射钉（图1-47）；钉杆直径有3.5、3.7、4.5mm等几种。

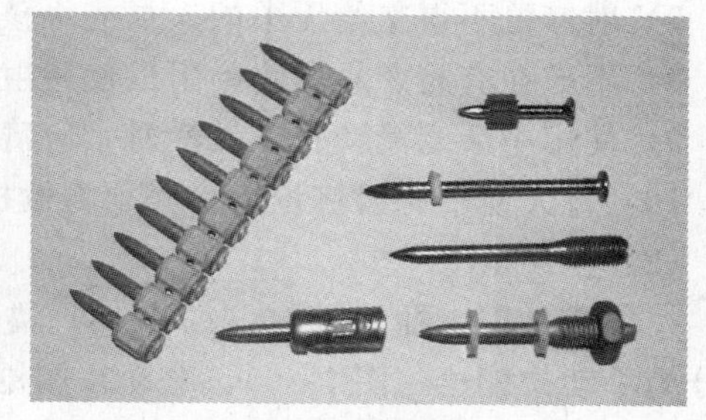

图1-45 普通射钉、螺纹射钉、带孔射钉

图1-46 光杆射钉

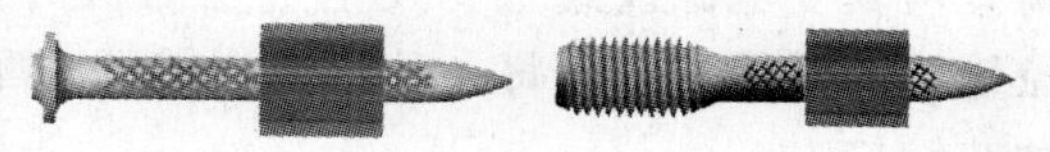

图1-47 滚花射钉

在混凝土基体上固定射钉，混凝土的强度等级宜为C10～C60，低于C10固定不可靠，高于C60射钉不易射入；射钉在混凝土基体材料上的最佳的射入深度为22～32mm，一般取27～32mm，深度小于22mm，承载力不够，深度大于32mm，对基体破坏的可能性较大，效果同样较差；混凝土基体的厚度应大于等于射钉射入深度的2倍；射钉与射钉之间的距离应大于射钉射入基体深度的2倍，射钉距离基体材料边缘的尺寸应大于50mm；射钉在钢筋混凝土基体中固定时，应避免射钉钉在主要受力钢筋上，特别应避免射钉钉在预应力钢筋上。在钢质材料基体上固定，钢质材料基体的强度宜为100～750MPa；钢质材料基体的最小厚度为4～6mm，太薄容易射穿固定不牢，其中钢质材料基体的厚度为12～16mm时，可获得最佳射入深度即10～14mm；射钉与射钉之间的距离不宜小于射钉钉杆直径的6倍，射钉距离基体材料边缘尺寸不宜小于射钉钉杆直径的2.5倍。

在砖石砌体、岩石、耐火材料上固定射钉，这些材料往往因其强度的不确定性，难以事先确定，所以在砖石等材质的基体上固定射钉应先试射，获得最佳最可靠的射入深度后再大面积施工，其中砖砌体的射入深度一般为30～50mm。

不同品牌、规格、型号的射钉枪，其使用方法有所区别，射钉的枪、弹、钉配套情况，各厂家的产品有所差异，应根据产品说明进行选择、采购射钉及射钉弹和操作。

射钉枪使用要点：

1）所有使用射钉枪的操作人员，必须经过严格的培训，全面掌握射钉枪的使用方法；

2）使用前应严格检查射钉枪、射钉、弹药是否配套合适，检查射钉枪各部位是否完好；

3）在薄墙板、轻质基体上射钉时，基体的另一面不得有人，以免射钉穿透基体，造成伤害；

4）操作时才允许将钉、弹装入射钉枪内，装好弹药的射钉枪，严禁将枪口对人；

5）发现射钉枪操作不灵时，必须及时将钉、弹取出，不要随意敲击；

6）钉弹应按危险、爆炸物品进行储存和搬运；

7）射钉枪不得交给无关的人员或小孩玩耍；

8）不准在有易燃易爆物的附近使用射钉枪；

9）使用中活塞筒动作不灵活时，应清除活塞筒外面及套筒里面的火药残渣；

10）每天使用完射钉枪后，必须将枪机用煤油浸泡擦净，然后涂油存放在盒内。

（2）拉铆枪

拉铆枪是用于抽芯铆钉（图 1-48）锚固的专用工具，拉铆枪按其提供的动力不同可以分为手动拉铆枪（图 1-49）、电动拉铆枪和风动拉铆枪三种。手动拉铆枪构造简单、价格低廉、使用方便，但其工作效率较低。电动拉铆枪和风动拉铆枪操作简单、效率较高，但其受电源线或气管及空气压缩机的影响，对频繁移动的作业会带来不便。各种拉铆枪的规格不多，每一种拉铆枪都可以配用若干种孔径的拉铆头，相应用于 $\phi3\sim5$ 的抽芯铆钉。

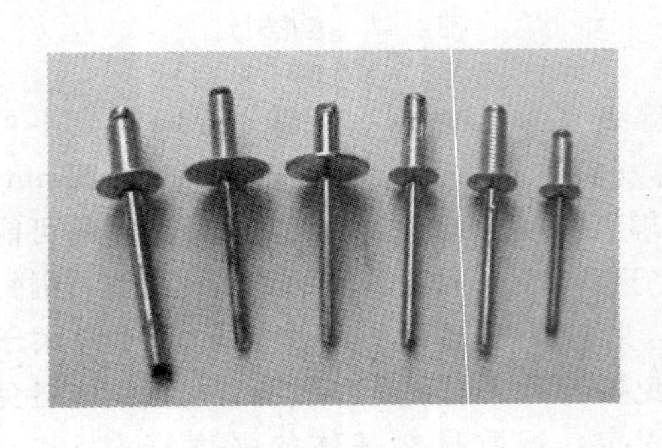

图 1-48　抽芯铆钉

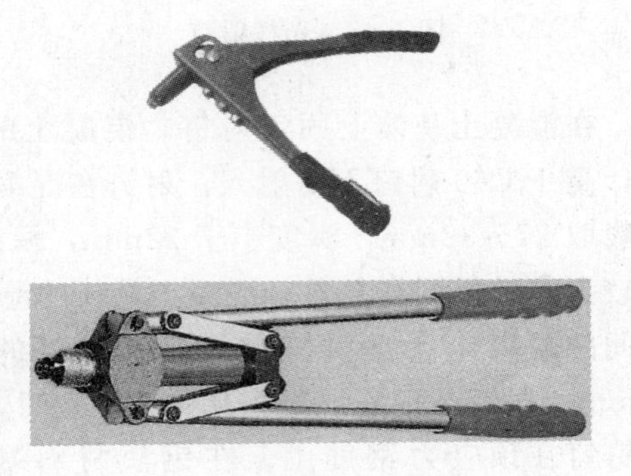

图 1-49　手动拉铆枪

拉铆枪的使用要点：

1）根据工作内容选择不同孔径的拉铆头，拉铆头选择后，根据铆接工件的厚度选择拉铆钉的直径和长度；

2）在被铆接的工件上先钻孔，孔径应与铆钉滑动配合，不宜太大，以免影响铆接强度；

3）采用手动拉铆枪操作时，铆钉应正对着铆孔，双手同时均匀使劲将铆钉铆住牢固；

4）采用电动拉铆枪和风动拉铆枪操作前，起动后空转 1～2min，检查拉铆枪各部件是否传动灵活有效，然后再进行正式操作；

5）操作中如发现异常声音和现象，应立即停机，切断电源进行检修；

6）拉铆枪内的离合器、滚珠轴承和齿轮等的润滑剂应保持清洁并及时添加；

7）电动拉铆枪不宜在有易燃易爆、腐蚀性气体及潮湿等特殊环境中使用，平时不用时应存放在干燥处。

3.2　轻质隔墙施工手工工具

3.2.1　裁割工具——手工锯

手工锯可用于木材、人造板、各种罩面板、轻钢龙骨型材等裁割，根据适用不同的材质和裁割部位，常用的手工锯有以下几种：

(1) 木工架锯　木工架锯（图 1-50），亦称框锯、拐子锯等，主要用于木料、木板及类似材质的锯割。架锯根据其锯条的长度和锯齿齿距的不同，分为粗锯、中锯、细锯、绕锯等。

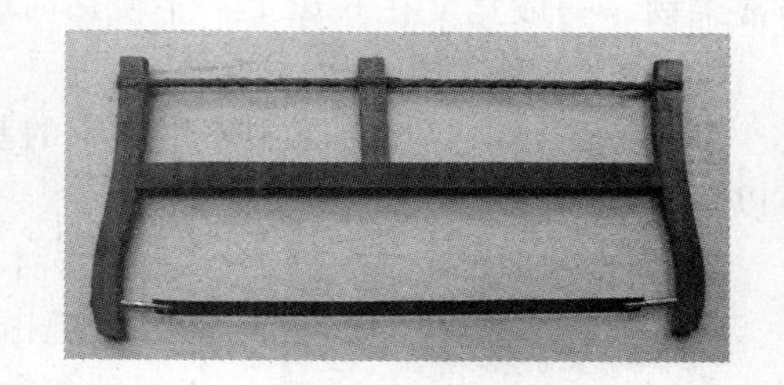

图 1-50　木工架锯

1) 粗锯：锯条长 650～750mm，齿距 4～5mm，主要用于顺纹锯割较厚的木料，属纵锯。

2) 中锯：锯条长 500～600mm，齿距 3～4mm，主要用于垂直木纹裁断木料，也可当纵锯顺纹锯割较薄的木板，属横锯。

3) 细锯：锯条长 450～500mm，齿距 2～3mm，主要用于细木工及开榫、拉肩等，属纵横锯。

4) 绕锯：亦称曲线锯。锯条较窄（约 10mm 左右），锯条长 600～700mm，主要用于锯割圆弧曲线。

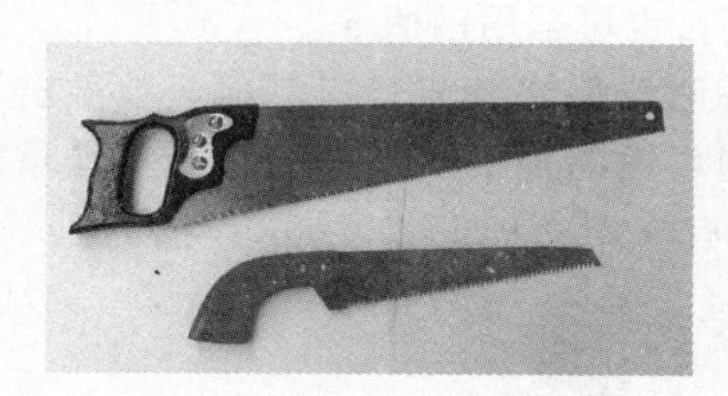

图 1-51　板锯

(2) 板锯　板锯（图 1-51），亦称手板锯，是用坚硬的钢片制成，锯片较薄，锯长 250～750mm，齿距 3～4mm，主要用于锯割尺寸较宽的板材。

(3) 刀锯　刀锯由锯刃和锯把两部分组成，根据其形式不同，分为单刃刀锯、双刃刀锯和夹背刀锯。单刃刀锯一边有齿刀，分纵锯和横锯两种，纵锯用于顺纹锯割较薄的木料，横锯用于横纹截断木料。双刃刀锯两边有齿刀，一边为纵锯，一边为横锯，可纵横锯割木材，不受材料宽度限制，现场使用极为方便。夹背刀锯锯齿较细，锯背上用钢条夹直，一般为横锯，适用于细木工程。

以上几种手工锯都属于木工锯，锯的优劣关键在锯条的材质和锯齿的料路、料度、斜度等。一般木工锯的使用寿命较长，使用过程经常需要对锯条锯齿的料路、料度、斜度进行修理，掌握木工锯的使用，必须要掌握锯齿的拨料和锉修。

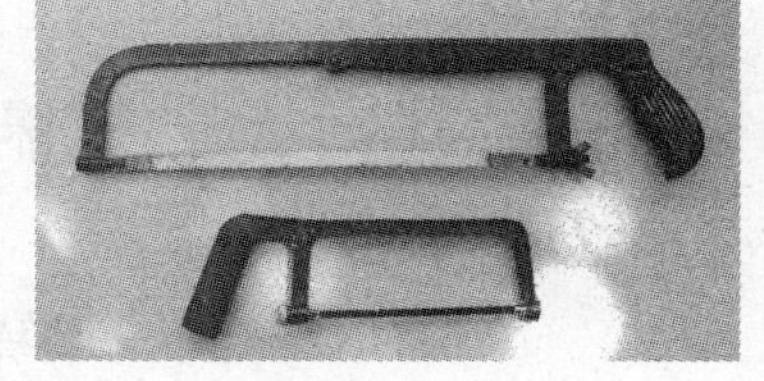

图 1-52　钢锯

(4) 钢锯　钢锯（图 1-52）是在专用钢锯架上安装手用钢锯条后，进行金属材料等锯切的一种手工锯。锯架有钢板制锯架及钢管制锯架两种，每种型式又有调节式与固定式之分。调节式锯架可配用 200、250、300mm 三种长度的钢锯条，固定式锯架只能配用 300mm 长度的钢锯条。

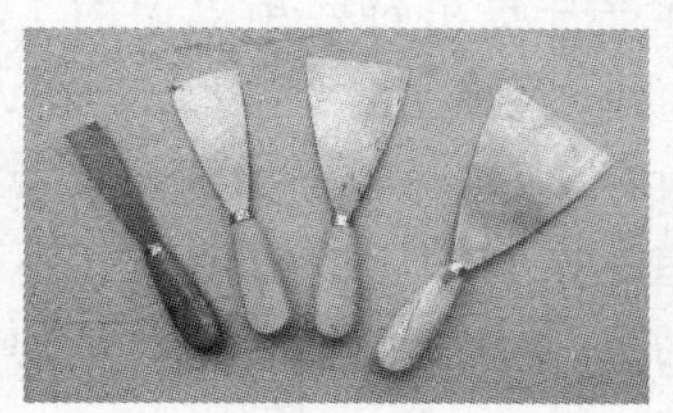

图 1-53　铲刀、腻子刮铲

3.2.2　嵌缝工具——铲刀、腻子刮铲

铲刀、腻子刮铲　铲刀、腻子刮铲（图 1-53），亦称油灰刀，主要用于将腻子填塞进板材之间缝隙的嵌缝工具，也可用于清除附着于墙面的松散沉积物。铲刀常用规格有 1″、1.5″、2″、2.5″等几种，一般要求应保持良好刀刃。腻子刮铲外表与铲刀相似，但刀片薄，经特殊处理后

非常柔韧。一般宽度在6″以上，不使用时应用木或铅制的外套保护刀刃。

3.2.3 其他工具——手工锤

手工锤是轻质隔墙施工中不可缺少的基本工具，根据不同的使用对象，常用的手工锤有以下几种：

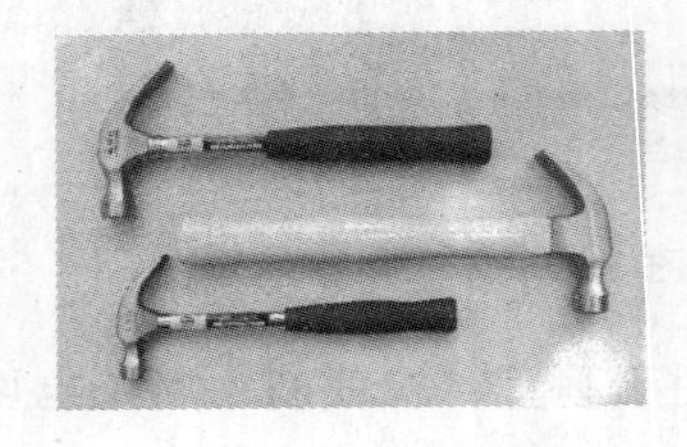

图1-54 木工锤

(1) 木工锤 木工锤（图1-54），亦称羊角锄头，主要用于锤击各种圆钉、水泥钉和其他各种敲击作业用，木工锤的羊角部分可以用作起钉等。木工锤锤头的截面形状有圆柱形、正四棱柱形和正八棱柱形等几种；木工锤的规格以锤身重量（不包括手柄）表示，常用规格有0.25、0.35、0.45、0.50、0.55、0.65、0.75kg等几种；木工锤的手柄常用木柄，也可采用钢柄等。

(2) 圆头锤 圆头锤（图1-55），亦称奶子锄头可用于多种锤击作业，常用于金属板材、型材的冷作、整形等，亦可锤击各种钢凿整修混凝土、砌体表面或在混凝土、砌体上凿洞开槽等。圆头锤的规格以锤身重量（不包括手柄）表示，常用规格有0.22、0.34、0.45、0.68、0.91kg等几种。圆头锤的手柄常用木柄，也可采用钢柄等。

(3) 橡胶塑料锤 橡胶塑料锤（图1-56）的锤头两端用橡胶或塑料制成，被敲击面不留锤印，适用于各种薄板的敲击、整形等。橡胶塑料锤的规格以锤头的直径和锤重划分，常用直径有40、50、60mm等，常用的锤身重量有0.45、0.65、0.80kg等几种。

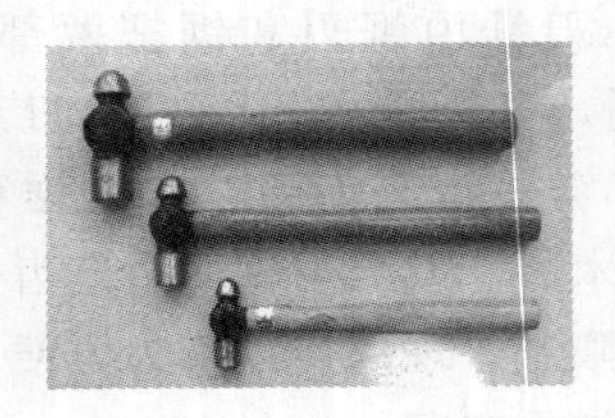

图1-55 圆头锤

图1-56 橡胶塑料锤

课题4 训练作业

训练1 轻质隔墙施工图识读

(1) 目的：掌握轻质隔墙施工图识读基本知识与能力。

(2) 要求：通过对典型施工图的识读，能确定轻质隔墙的种类、具体位置、墙体厚度、墙体长度、墙体高度、墙体上门窗洞口尺寸位置等，并能计算出每一种隔墙的工程数量。

(3) 准备：由教师选择现成的成套轻质隔墙施工图，或由专业教师根据训练要求自行设计绘制成套轻质隔墙施工图。施工图中出现的隔墙种类宜为二种以上，隔墙高度不同(例如梁底或板底)，隔墙中宜有转角、T形或十字形连接形式，隔墙上宜有一定数量的门窗洞口。

（4）步骤：先识读施工图，再计算工程数量。先平面图、立面图，后剖面图，再详图及说明等。

（5）注意事项：当施工图中缺少剖面图或隔墙立面图而不能确定隔墙高度时，宜提供结构施工图，或明确梁底或板底标高等。

训练 2　常用钉、螺钉、膨胀螺栓的识别

（1）目的：熟练识别各种常用钉、螺钉、胀锚螺栓等。

（2）要求：在混杂的钉、螺钉、胀锚螺栓中，找出指定品种、规格的钉、螺钉、胀锚螺栓。

（3）准备：常用钉、螺钉、膨胀锚栓的不同规格各 2～3 个（规格宜考虑目测容易识别）。测量钉、螺钉、胀锚螺栓规格用的钢直尺和卡尺等。

（4）步骤：先进行大类别的识别，后进行细类别的识别。先用钢直尺和卡尺等测定规格，后用目测方法确定规格。

（5）注意事项：在识别各种钉、螺钉、膨胀螺栓过程中，引导学生注意观察细部构造的区别。

训练 3　手持式电动工具操作

（1）目的：掌握常用手持式电动工具操作技能。

（2）要求：能用普通电钻在金属材料、木材、塑料等材料上钻孔；能用冲击电钻或电锤在混凝土基体上打孔；能用电动螺钉旋具拧固木螺钉或自攻螺钉等。

（3）准备：电动工具及配套钻头，各种相关的消耗性材料，必要的安全防护用品等。

（4）步骤：先学会钻头的夹持紧固，再练习带电空转，最后在实体材料上进行钻孔训练。

（5）注意事项：电动工具操作训练，最重要的是安全。开始训练阶段有条件的宜选用规格较小、较轻便的充电式电动工具。用于钻孔的金属板材或型材、木板、塑料型材等尺寸不宜太小，有条件时宜采取各种有效夹持的固定方式。

思考题与习题

1. 什么叫轻质隔墙？轻质隔墙分哪几类？各自有什么特点？
2. 轻质隔墙施工图有哪几种？识读时应注意什么？
3. 标准图集的作用是什么？有什么特点？
4. 有关轻质隔墙方面的标准图集有哪些？
5. 轻质隔墙施工中常用的锚栓有哪几种？用在什么情况下？
6. 轻质隔墙施工中常用的接缝材料有哪几种？适合在什么条件下使用？
7. 轻质隔墙施工的常用电动机具有哪几种？并说出它们的使用要点。
8. 轻质隔墙施工中常用的手工工具有哪些？

单元2　板材隔墙

（国家建筑标准设计03J113）

知 识 点：材料及选用；常用构造与施工图；施工工艺与方法；成品保护；安全技术；专用施工机具；施工质量验收标准与检验方法。

教学目标：通过课程教学和技能实训，学生应能识读板材隔墙装饰施工图；能够识别板材隔墙的常用构造；能根据施工现场条件测量放样；能组织板材隔墙基层与饰面的施工作业；能掌握质量验收标准与检验方法，组织检验批的质量验收；能组织实施成品与半成品保护与劳动安全技术措施。

课题1　增强水泥、石膏条板轻质隔墙

1.1　增强水泥、石膏条板轻质隔墙材料及选用

1.1.1　规格品种

（1）增强水泥隔墙条板（GRC），简称水泥条板。水泥条板是采用低碱硫铝酸盐水泥或快硬铁铝酸盐水泥、膨胀珍珠岩、细骨料及耐碱玻璃纤维涂料网格布（或短切玻璃纤维，钢纤维）、低碳冷拔钢丝为主要原料制成的轻质条板。它具有重量轻、抗弯冲击强度高、不燃、耐水、不易变形和加工简易、造型丰富、可涂刷等性能。

（2）增强石膏隔墙条板，简称石膏条板。石膏条板是采用建筑石膏（掺加小于10%的普通硅酸盐水泥）、膨胀珍珠岩及中碱玻璃纤维涂塑网格布（或短切玻璃纤维）等为主要原料制成的轻质条板。

条板的类型按断面和材料的组成的不同可分为空心条板、实心条板和夹芯条板；按构件用途的不同，分为普通条板、门窗框板、窗下板、过梁板、异型板等。水泥条板、石膏条板规格尺寸详见表2-1。

水泥条板、石膏条板规格　　**表2-1**

板厚(mm)	板长(mm)	板宽(mm)	耐火极限(h)	重量(kg/m²)	隔声(dB)
60	2400～2700	600	≥1	≤60	≥30
90	2400～3000	600	≥1	≤80	≥35
120	2400～3000	600	≥1	≤90	≥40

1.1.2　主要性能

增强水泥轻质隔墙板主要用于建筑室内隔墙、分户墙等。该板具有重量轻、强度高、耐腐蚀、不变形、收缩小、不燃、吸水率低、安装走线方便等特点，按用户要求可生产各种规格、厚度的隔墙板。轻质条板的物理力学性能指标见表2-2。

轻质条板的物理力学性能指标　　表 2-2

项目＼板厚	60mm	90mm	120mm
抗冲击性能(次)	≥5	≥5	≥5
单点吊挂力(N)	≥1000	≥1000	≥1000
抗弯破坏荷载(板自重倍数)	≥1	≥1	≥1
干燥收缩值(mm/m)	≤0.6	≤0.6	≤0.6
面密度(kg/m^3)	≤60	≤80	≤90
空气声计权隔声量(dB)	≥30	≥35	≥40
耐火极限(h)	≥1	≥1	≥1
抗压强度(MPa)	≥5	≥5	≥5
传热系数(1)[$W/(m^2 \cdot K)$]	—	—	≤2.0
软化系数(%)	≥0.8	≥0.8	≥0.8
相对含水率(2)(%)	≤45/40/30		
抗返卤性(3)	无水珠，无返潮		

注：(1) 应用于采暖地区的分户条板应检此项。

(2) 相对含水率不同限值对应的使用地区，如：潮湿、中等、干燥分别为 45、40、30。

(3) 掺加轻烧镁粉的条板应检此项。

1.2 增强水泥、石膏条板轻质隔墙构造与施工图

1.2.1 隔墙立面、平面和条板连接

条板内隔墙立面、剖面图，见图 2-1。

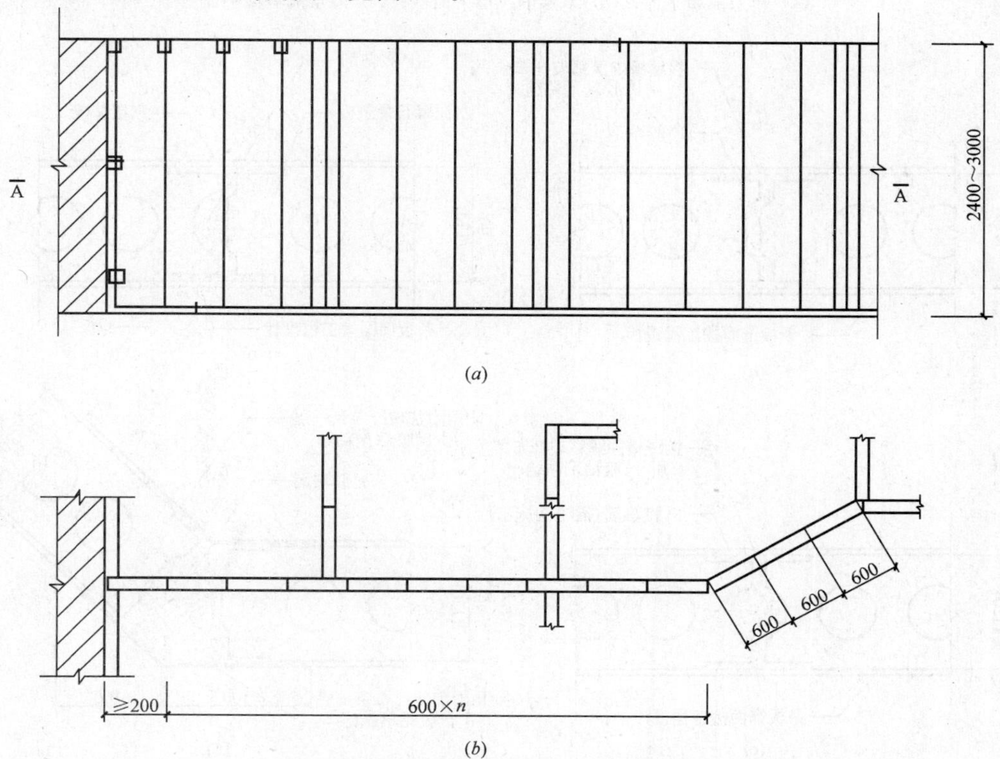

图 2-1 增强水泥、石膏条板内隔墙立面、剖面图（单位：mm）

(a) 条板内隔墙立面；(b) A—A 剖面

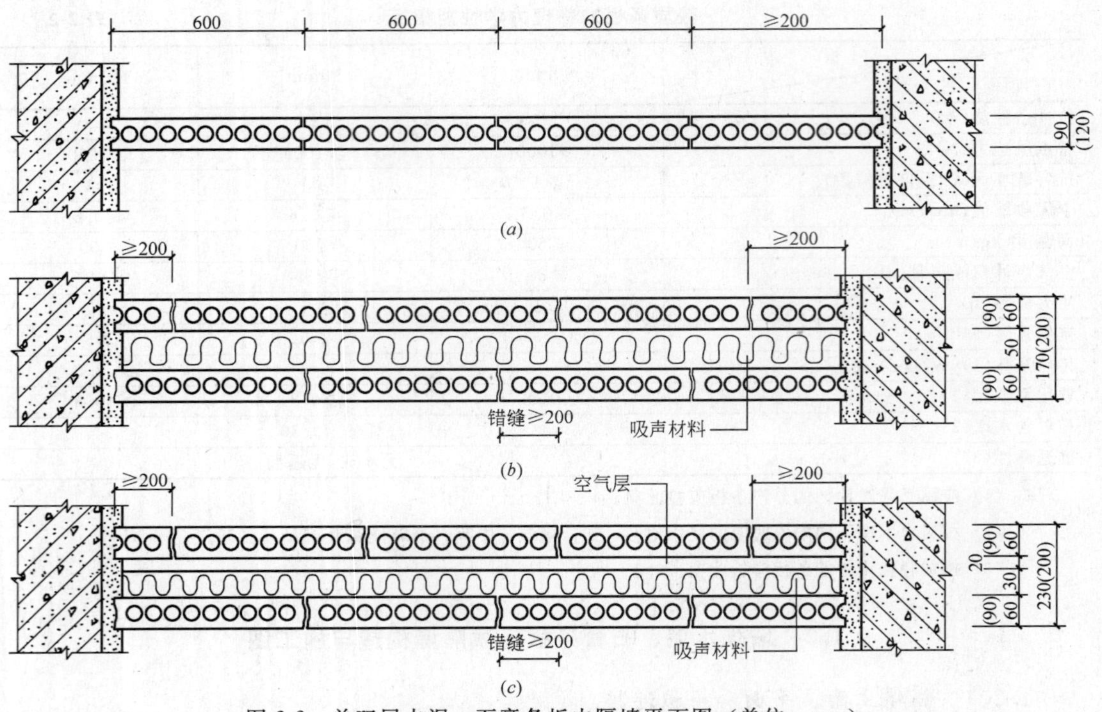

图 2-2 单双层水泥、石膏条板内隔墙平面图（单位：mm）

(*a*) 单层隔墙平面；(*b*) 双层隔声墙平面一；(*c*) 双层隔声墙平面二

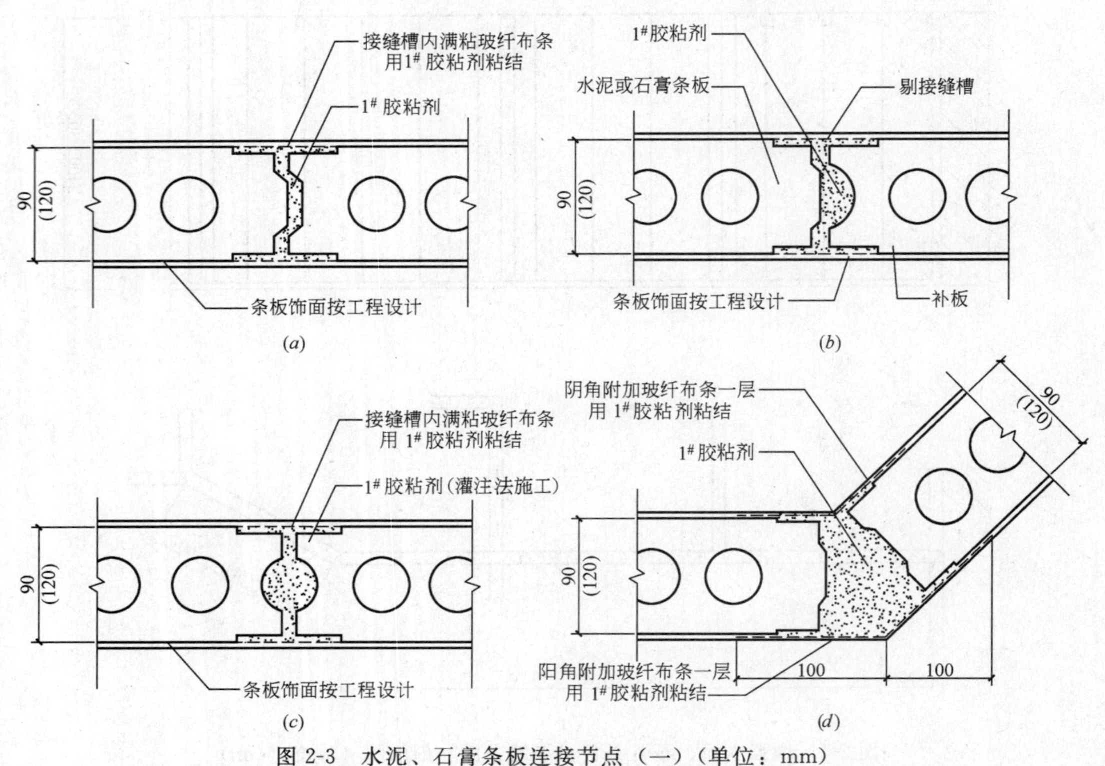

图 2-3 水泥、石膏条板连接节点（一）（单位：mm）

(*a*) 条板一字连接；(*b*) 条板与补板连接；(*c*) 条板一字连接；(*d*) 条板任意角连接

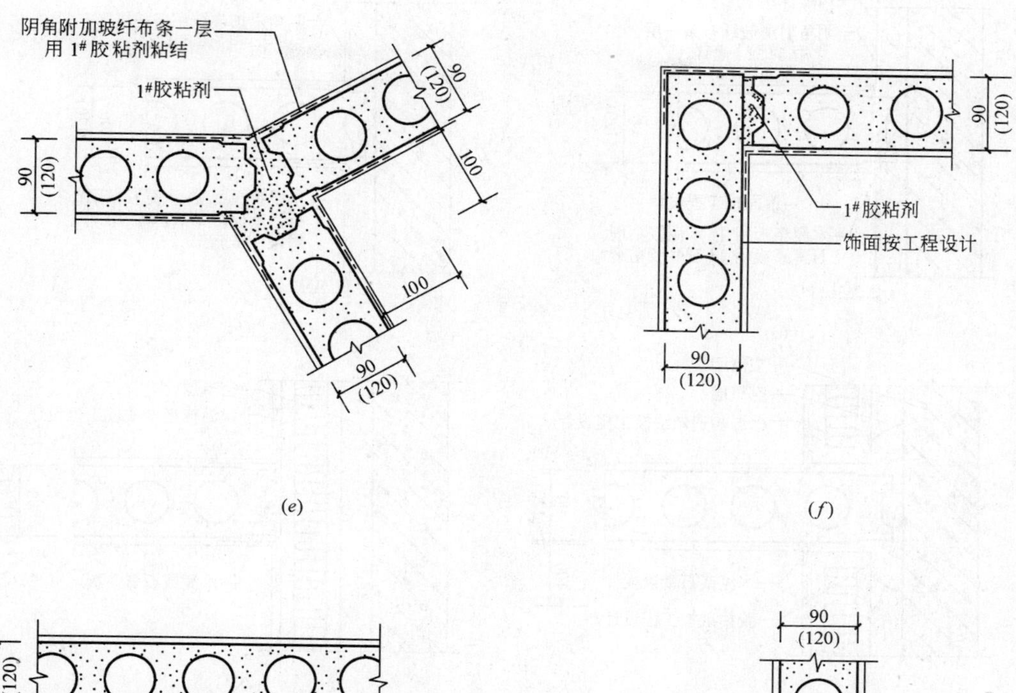

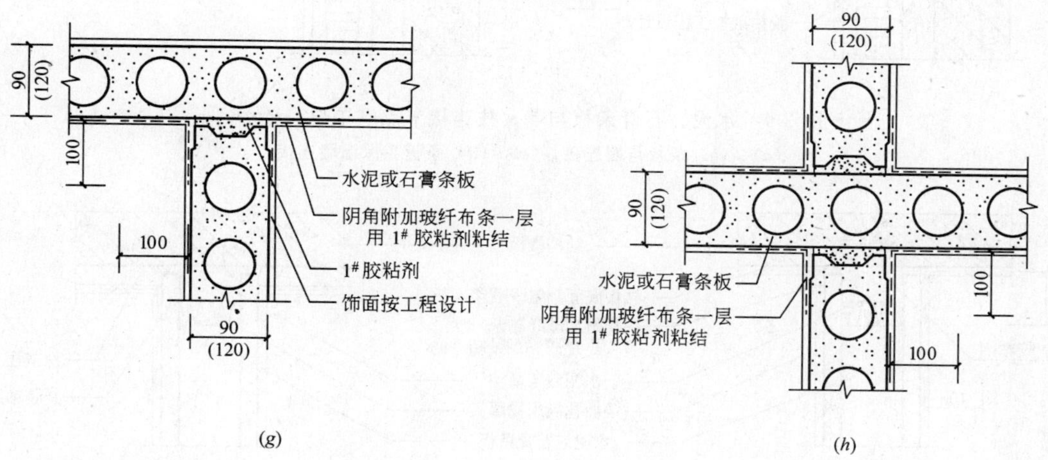

图 2-3　水泥、石膏条板连接节点（二）（单位：mm）

(*e*) 条板三叉连接；(*f*) 条板直角连接；(*g*) 条板丁字连接 (*h*) 条板十字连接

单层、双层水泥、石膏条板内隔墙平面图，见图 2-2。

水泥、石膏条板连接节点图，见图 2-3。

1.2.2　条板与主体结构、门窗的连接构造

水泥、石膏条板与墙、柱连接节点图，见图 2-4。

水泥、石膏条板与梁、板连接节点图，见图 2-5。

条板与地面连接、踢脚做法节点图，见图 2-6。

水泥、石膏条板与门窗框连接节点图，见图 2-7。

门窗上板安装节点图，见图 2-8。

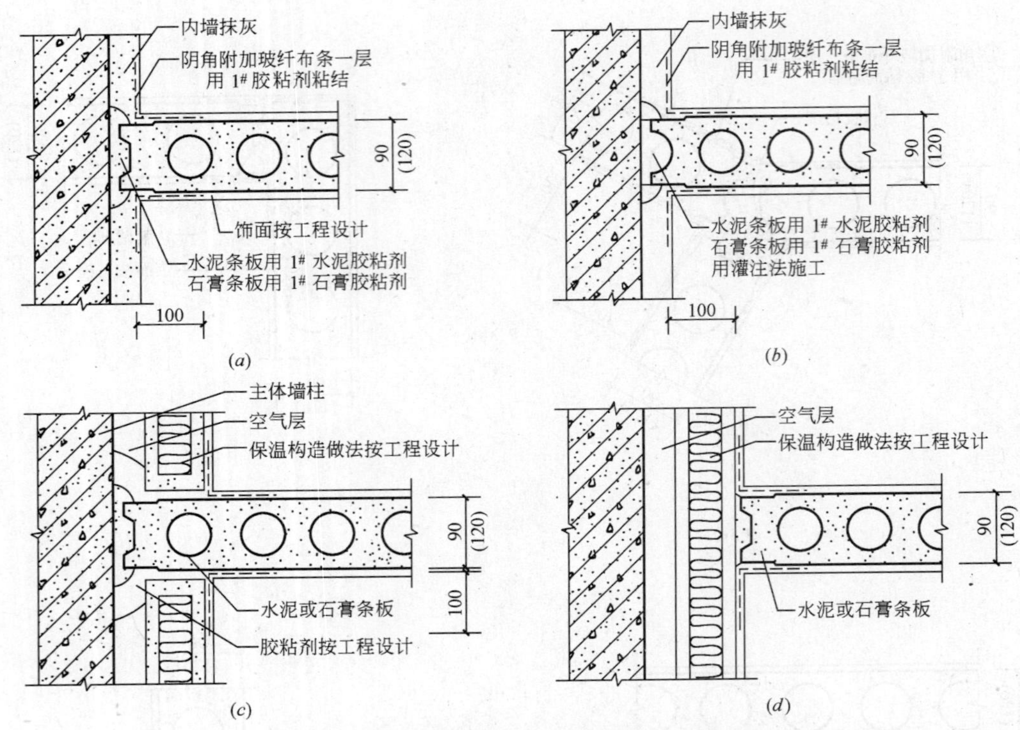

图 2-4　水泥、石膏条板与墙、柱连接节点（单位：mm）

(*a*)、(*b*) 条板与墙连接；(*c*)、(*d*) 条板与保温墙连接

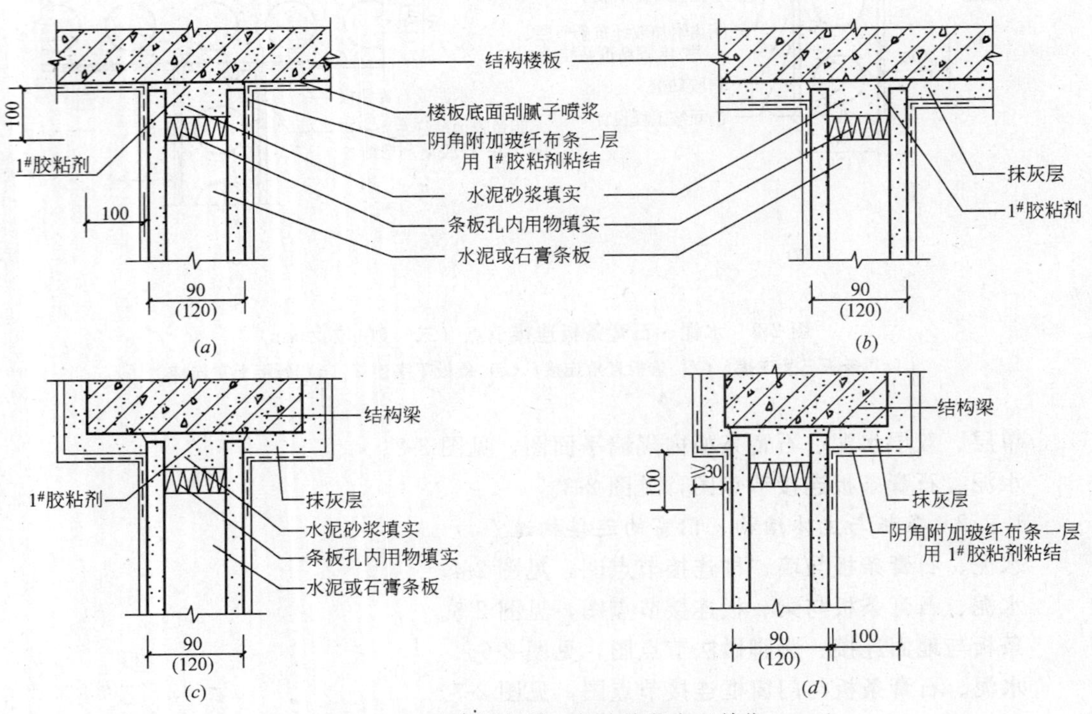

图 2-5　水泥、石膏条板与梁、板连接节点（单位：mm）

(*a*)、(*b*) 条板与楼板底面连接；(*c*)、(*d*) 条板与梁底连接

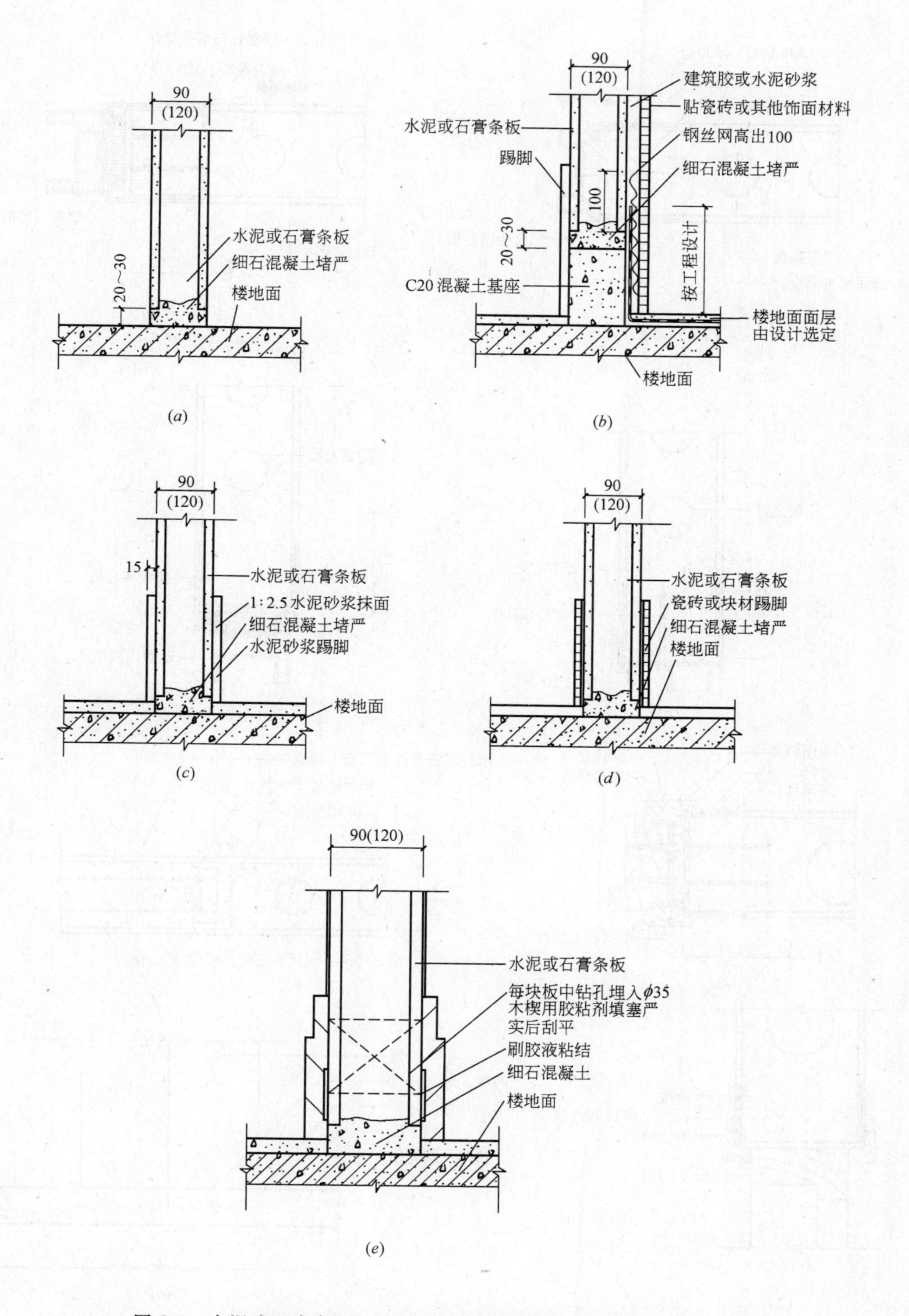

图 2-6 水泥或石膏条板与地面连接、踢脚做法节点图（单位：mm）

(*a*) 条板与楼地面连接；(*b*) 条板与卫生间楼地面连接；

(*c*) 水泥砂浆踢脚；(*d*) 瓷砖或块材踢脚；(*e*) 木踢脚

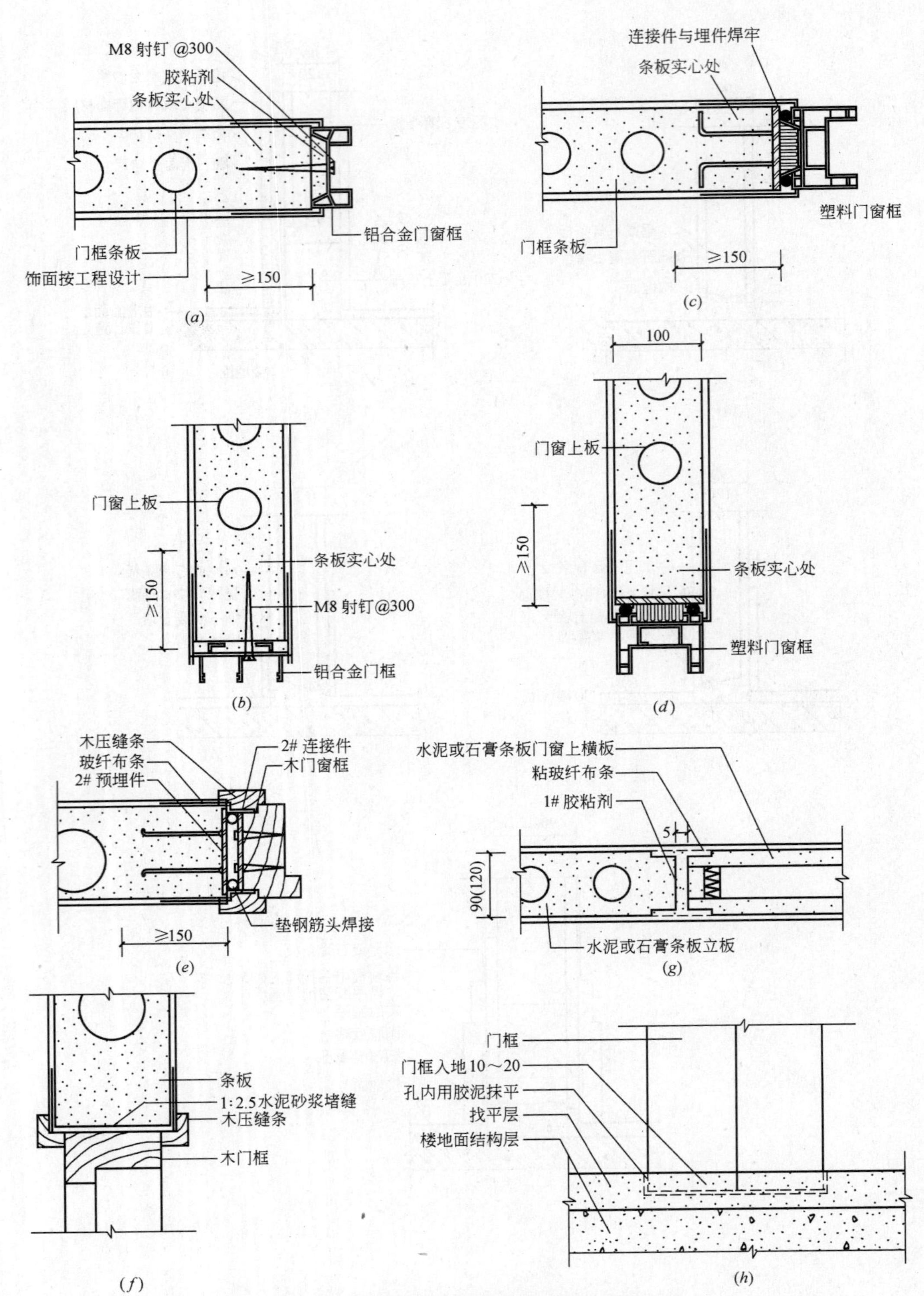

图 2-7 水泥、石膏条板与门窗框连接节点（单位：mm）
(*a*) 条板与铝合金门窗框连接；(*b*) 门窗上板与铝合金门窗框连接；(*c*) 条板与塑料门窗框连接；
(*d*) 门窗上板与塑料门窗框连接；(*e*) 条板与木门窗框连接；(*f*) 门窗上板与木门窗框连接；
(*g*) 条板门窗上横板与立板连接；(*h*) 门框入地连接

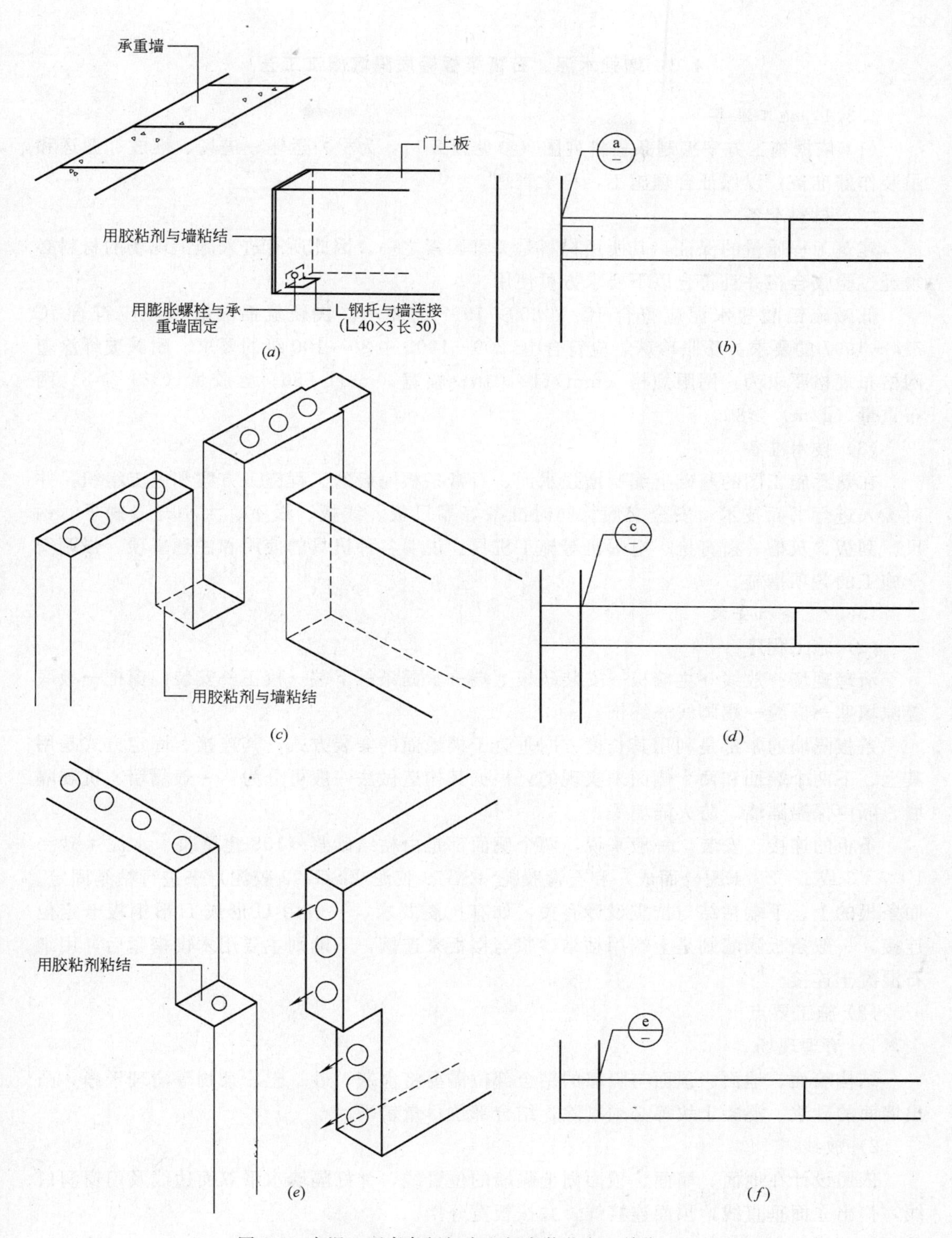

图 2-8　水泥、石膏条板门窗上板安装节点（单位：mm）

(*a*) 门上板与承重墙连接示意；(*b*) 丁字墙门上连接平面；(*c*) 门上板与轻隔墙连接示意；(*d*) 丁字墙门上连接平面；(*e*) 转角轻隔墙与门上板搭接示意；(*f*) 转角墙门上连接平面

1.3 增强水泥、石膏条板轻质隔墙施工工艺

1.3.1 施工准备

(1) 依据施工方案编制条板排列图（参见图 2-1），为材料运输、进场、堆放、搬运和吊装作好准备，以保证合理施工，科学管理。

(2) 材料准备

建筑工程质量的保证，其所用材料是关键因素之一。因此所有进入施工现场的材料必须经过验收合格并且符合以下要求方可使用。

低碱硫铝酸盐水泥应符合 JC/Y 659—1997 的要求。快硬硫铝酸盐水泥应符合 JC 714—1997 的要求。膨胀珍珠岩应符合 JC 209—1992 中 80～100 级的要求。耐碱玻纤涂塑网格布规格要求为：网眼规格（mm）10×10；幅宽（mm）580；含胶量（%）≥8；网布重量（g/m）≥80。

(3) 技术准备

在熟悉施工图的基础上编制增强水泥、石膏条板隔墙的工程施工方案和施工组织，并对工人进行书面技术、安全交底。同时准备好靠尺板、线板、线坠、大小开刀刷子、钢尺、刮板、灰槽、射钉枪、电焊机等施工机具。说明各种机具的使用和注意事项。强调安全施工的各项措施。

1.3.2 条板安装

(1) 施工程序

清理现场→放线→主墙板→安装条板上端→紧固条板下端→校正→安装门窗框→板底缝隙填塞→嵌缝→踢脚线→终饰。

条板隔墙通常都是利用其长度方向垂直于楼地面的安装方式，其连接、固定方式是用其上、下两个端面和两个侧面来实现的。根据其构造做法一般可分为：一般隔墙、抗震隔墙、隔声保温隔墙、防火隔墙等。

条板的连接、安装，一般来说，两个侧面都是由粘结砂浆（108 建筑胶：水泥：砂＝1：7：3 或 1：2：4 配合而成）和石膏胶泥（SG79 胶泥或 SG792 胶泥）来进行粘结固定。而条板的上、下端粘结与抗震设计有关，如有抗震要求，一般用 U 形或 L 形钢板卡定位连接。一般条板隔墙则是上端用粘结砂浆与楼板来连接，下端则主要用木楔楔紧后，用细石混凝土连接。

(2) 施工要点

1) 清理现场

结构墙面、地面、顶面与隔墙的结合部位需要将浮灰、砂、土、杂物等清理干净，凸出墙面的砂浆、混凝土块等必须剔除，结合部位尽量铲平。

2) 放线

依照设计在地面、墙面、顶面划上隔墙的位置线，弹好隔墙水平双面边线及门窗洞口线，弹出立面垂直线，顶面连接线，并按板宽分档。

3) 配板

条板的长度应按楼层结构高尺度减去 20mm 计算测量门窗洞口上部和下部的隔板尺寸，按此尺寸配有预埋件的门窗框板，并做调整板宽和拼接处理。

4）立板

就是在条板的两侧和上部端面抹上粘结砂浆或石膏胶泥后立起来。配制的胶粘剂要随配随用，应在30min内用完。

5）安装就位

隔墙上不设门窗时，隔墙从一端开始；隔墙上设有门窗时，应从已安装固定好的通天框两侧开始。隔墙上设有门窗时，门洞口处门框一般附加一道通天框，门洞口上部用纸面石膏板、纤维石膏板固定在龙骨上，洞口两侧的连接条板一定要采用钢或木门窗框。

6）安装墙板

下楔法，条板立起后，板与板之间的接缝或板的顶部侧面与建筑结构结合部位，涂胶粘剂，在条板的下部塞入斜楔或垫块，校正好位置，垂直向上顶紧于梁、板底面并固定。上楔法，采用下定位、上调差的安装方法，坐浆立起后，将有螺栓的一端对准梁、板底，带有垫片的一端对准条板顶端，调整好位置后固定。

用木楔固定时，木楔应从条板下端两侧各1/3处分别楔入。条板下端面处要用C20细石混凝土填塞密实。

7）安门窗框

一般采用先留门窗洞口，后安门窗框的方法。门窗框与门窗框板间的缝隙要用胶粘剂嵌缝。

8）嵌缝

依次将条板安装完毕，最后安装门窗框上部的条板，并注意清理墙面，嵌实板缝。先清理浮灰刮胶粘剂，再贴50mm宽玻璃纤维网格带，转角隔墙在阳角处粘贴200mm玻璃纤维布一层压实，粘牢，表面再用胶粘剂刮平。

9）踢脚线

待板缝凝固后，在条板墙下端（一般200mm高）先刷一道水泥腻子，再做各种踢脚线，通常采用木镶板踢脚，金属或塑料踢脚，水磨石踢脚等等。环境湿度较大的，在隔墙下部做墙基。

10）终饰

一般要求的隔墙，直接用腻子刮平，打磨后再刮第二道腻子，再打磨，最后做终饰处理。比如油漆、喷浆、贴壁纸等。

1.4 增强水泥、石膏条板轻质隔墙施工质量验收标准与检验方法

依照《建筑装饰装修工程质量验收规范》（GB 50210—2001）的规定，在施工过程中和施工完成后，必须按照以下内容和方法对工程进行验收，以确保工程质量。板材隔墙工程的检查数量应符合下列规定：每个检验批应至少抽查10%，并且不得少于3间，不足3间时应全数检查。

1.4.1 主控项目的内容及验收的要求，见表2-3。

1.4.2 一般项目的内容及验收的要求，见表2-4。

1.4.3 板材隔墙安装的允许偏差和检验方法，见表2-5。

在依照规范进行质量验收时，不仅要进行现场的验收，同时也要认真查阅与工程相关的所有资料，其中质量验收文件是主要内容之一。轻质板材隔墙工程的质量验收文件主要由以下文件组成：

主控项目的内容及验收的要求 　　**表 2-3**

项次	项目内容	质量要求	检查方法	备注（规范）
1	板材质量	隔墙板材的品种、规格、性能、颜色应符合设计要求，有隔声、隔热、阻燃、防潮等特殊要求的工程，板材应有相应性能等级的检测报告	观察；检查产品的合格证书、进场验收记录和性能检测报告	GB 50210—2001 7.2.3
2	预埋件连接件	安装隔墙板材所需预埋件、连接件的位置、数量及连接方法应符合设计要求	观察；尺量检查；检查隐蔽工程验收记录	GB 50210—2001 7.2.4
3	安装质量	隔墙板材的安装必须牢固，现制钢丝网水泥隔墙与周边墙体的连接方法应符合设计要求并应连接牢固	观察；手扳检查	GB 50210—2001 7.2.5
4	接缝材料、方法	隔墙板材所用接缝材料的品种及接缝方法应符合设计要求	观察；检查产品的合格证书和施工记录	GB 50210—2001 7.2.6

一般项目的内容及验收的要求 　　**表 2-4**

项次	项目内容	质量要求	检查方法	备注(规范)
1	安装位置	隔墙板材安装应垂直、平整、位置正确，板材不应有裂缝或缺损	观察；尺量检查	GB 50210—2001 7.2.7
2	表面质量	板材隔墙表面应平整光滑、色泽一致、洁净，接缝应均匀、顺直	观察；手摸检查	GB 50210—2001 7.2.8
3	孔洞、槽、盒	隔墙上的孔洞、槽、盒应位置正确、套割方正、边缘整齐	观察	GB 50210—2001 7.2.9

板材隔墙安装的允许偏差和检验方法 　　**表 2-5**

项次	项目	允许偏差(mm)				检查方法
		复合轻质墙板		石膏空心板	钢丝水泥板	
		金属夹心板	其他复合板			
1	立面垂直度	2	3	3	3	用 2m 垂直检测尺检查
2	表面平整度	2	3	3	3	用 2m 靠尺和塞尺检查
3	阴阳角方正	3	3	3	4	用直角检测尺检查
4	接缝高低差	1	2	2	3	用钢直尺和塞尺检查

（1）轻质板材隔墙工程的施工图、设计说明及其他设计文件；

（2）材料的产品合格证书、性能检测报告、进场验收记录和复验报告；

（3）隐蔽工程验收记录；

（4）施工记录；

（5）质量验收记录表（GB 50210—2001），见表 2-6。

质量验收记录表　　表 2-6

<table>
<tr><td colspan="4">单位(子单位)工程名称</td><td colspan="3"></td></tr>
<tr><td colspan="4">分部(子分部)工程名称</td><td></td><td>验收部位</td><td></td></tr>
<tr><td>施工单位</td><td colspan="4"></td><td>项目经理</td><td></td></tr>
<tr><td>分包单位</td><td colspan="4"></td><td>分包项目经理</td><td></td></tr>
<tr><td colspan="2">施工执行标准及编号</td><td colspan="5"></td></tr>
<tr><td colspan="4">施工质量验收规范的规定</td><td colspan="2">施工单位检查评定记录</td><td>监理(建设)单位验收记录</td></tr>
<tr><td rowspan="4">主控项目</td><td>1</td><td>板材质量</td><td>GB 50210—2001 7.2.3</td><td colspan="2"></td><td rowspan="4"></td></tr>
<tr><td>2</td><td>预埋件、连接件</td><td>GB 50210—2001 7.2.4</td><td colspan="2"></td></tr>
<tr><td>3</td><td>安装质量</td><td>GB 50210—2001 7.2.5</td><td colspan="2"></td></tr>
<tr><td>4</td><td>接缝材料、方法</td><td>GB 50210—2001 7.2.6</td><td colspan="2"></td></tr>
<tr><td rowspan="4">一般项目</td><td>1</td><td>安装位置</td><td>GB 50210—2001 7.2.7</td><td colspan="2"></td><td rowspan="4"></td></tr>
<tr><td>2</td><td>表面质量</td><td>GB 50210—2001 7.2.8</td><td colspan="2"></td></tr>
<tr><td>3</td><td>孔洞、槽、盒</td><td>GB 50210—2001 7.2.9</td><td colspan="2"></td></tr>
<tr><td>4</td><td>允许偏差</td><td>GB 50210—2001 7.2.10</td><td colspan="2"></td></tr>
<tr><td colspan="2" rowspan="2">施工单位检查评定结果</td><td colspan="3">专业工长(施工员)</td><td>施工班组长</td><td></td></tr>
<tr><td colspan="5">项目专业质量检查员：　　　　年　月　日</td></tr>
<tr><td colspan="2">监理(建设)单位验收结论</td><td colspan="5">专业监理工程师
(建设单位项目专业技术负责人)：　　　　年　月　日</td></tr>
</table>

1.5 增强水泥、石膏条板轻质隔墙施工安全技术

由于建筑工程产品的特殊性，无论是在施工过程中还是施工结束以后，都要注意建筑工程质量和功能的保护以及施工人员的健康和安全。所以在施工期间，要求在以下三个方面严格遵守国家法律法规、条例，确保各项工作顺利进行。

1.5.1　成品和半成品保护

（1）施工中各个专业工种应紧密配合，合理安排次序，严禁颠倒次序施工，隔墙板粘结后7天内不得碰撞敲打，不得进行下道工序的施工。

（2）隔墙板安装预埋件时，宜用电钻钻孔扩孔，用扁铲扩孔，不得对隔墙用力敲击，刮完腻子的隔墙，不得进行任何剔凿。

（3）施工过程中和隔墙完成后，应防止运输小车或其他运输工具和其他物体碰撞隔墙板和门窗洞口。

1.5.2　安全管理措施

（1）施工现场必须工完场清，设专人洒水和打扫，不得有扬尘等污染环境。

（2）有噪声的电动工具应在规定的作业时间内施工，防止噪声污染、扰民。

（3）进入施工现场的作业人员，必须首先参加安全教育培训，取得上岗证书后方可上岗作业，未经培训或考核不合格者，不得上岗作业。

（4）进入施工现场的人员必须正确戴好安全帽，系好下颌带，按照作业要求正确穿戴个人防护用品，着装要符合安全生产的需要，在没有可靠安全防护设施的高处2m以上（包含2m）陡坡施工时，必须系好安全带。高处作业不得穿硬底鞋和带钉易滑鞋，不得向下投掷物料，严禁赤脚穿拖鞋、高跟鞋进入现场。

1.5.3　注意问题

（1）板材在运输中应轻拿轻放，侧抬侧立并相互绑牢，不得平抬平放，应侧75°码放，堆放场地应平整，下垫木方，木方距板端需500mm，严格禁止踩、踏、撞击等。

（2）板材如有明显变形、无法修补的孔洞、断裂裂缝或者破损，均不得使用。

（3）板缝开裂是较常见的质量通病，首先要选择好相应的胶粘剂，在施工中对板缝处理要严格遵照操作工艺认真执行。

课题2　轻质混凝土条板

2.1　轻质混凝土条板材料及选用

2.1.1　规格品种

轻质混凝土条板，简称轻混凝土条板。轻混凝土条板是采用普通硅酸盐水泥低碳冷拔钢丝或双层钢筋网片、膨胀珍珠岩、浮石、陶粒、炉渣等轻集料为主要原料制成的轻质条板。轻混凝土条板规格尺寸详见表2-7。

轻混凝土条板规格　　　**表2-7**

板厚(mm)	板长(mm)	板宽(mm)	耐火极限(h)	重量(kg/m^2)	隔声(dB)
60	2400～2700	600	≥1	≤60	≥30
90	2400～3000	600	≥1	≤80	≥35
120	2400～3000	600	≥1	≤90	≥40

2.1.2　主要性能

轻质混凝土条板具有轻质、高强、抗冲击、抗裂、耐水、防火、隔声等优良的性能，而且对增加建筑物的使用面积、提高施工速度、减轻工人的劳动强度、减少现场湿作业量、提高施工的文明程度、降低建筑工程的综合造价等方面都具有十分重要的意义。轻混凝土条板的物理力学性能指标见表 2-8。

轻混凝土条板的物理力学性能指标　　表 2-8

项目 \ 板厚		90mm	120mm
抗冲击性能(次)		≥5	≥5
单点吊挂力(N)		≥1000	≥1000
抗弯破坏荷载(板自重倍数)		≥1.5	≥3.3
干燥收缩值(mm/m)		≤0.3	≤0.4
面密度(kg/m²)		≤78	≤96
空气声计权隔声量(dB)		≥38.6	—
耐火极限(h)		≥1	≥1
抗压强度(MPa)		≥7	≥5
相对含水率(%)		≤43	≤43
放射性	I_{Ra}	≤0.5	≤0.5
	I_{λ}	≤0.7	≤0.7

2.2 轻质混凝土条板构造与施工图

2.2.1 隔墙平面和条板连接

单、双层轻混凝土条板内隔墙平面图，见图 2-9。

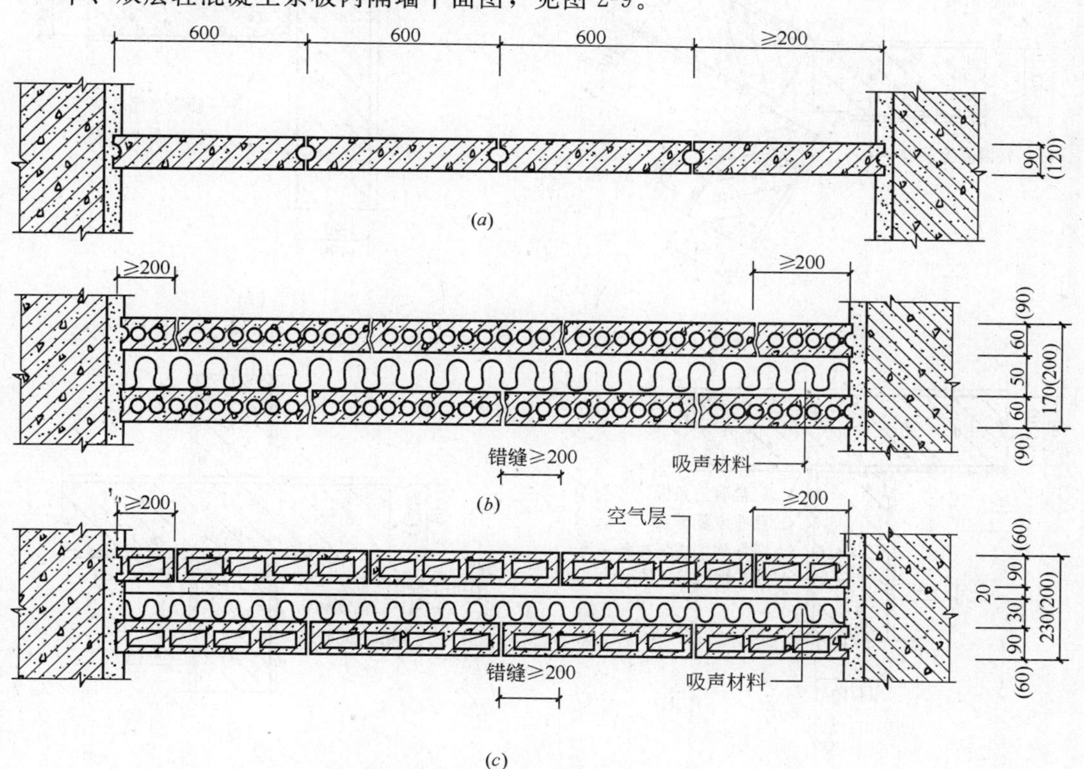

图 2-9　单、双层轻混凝土条板内隔墙平面图（单位：mm）
(a) 单层隔墙平面；(b) 双层隔声墙平面一；(c) 双层隔声墙平面二

轻混凝土条板连接节点，见图 2-10。

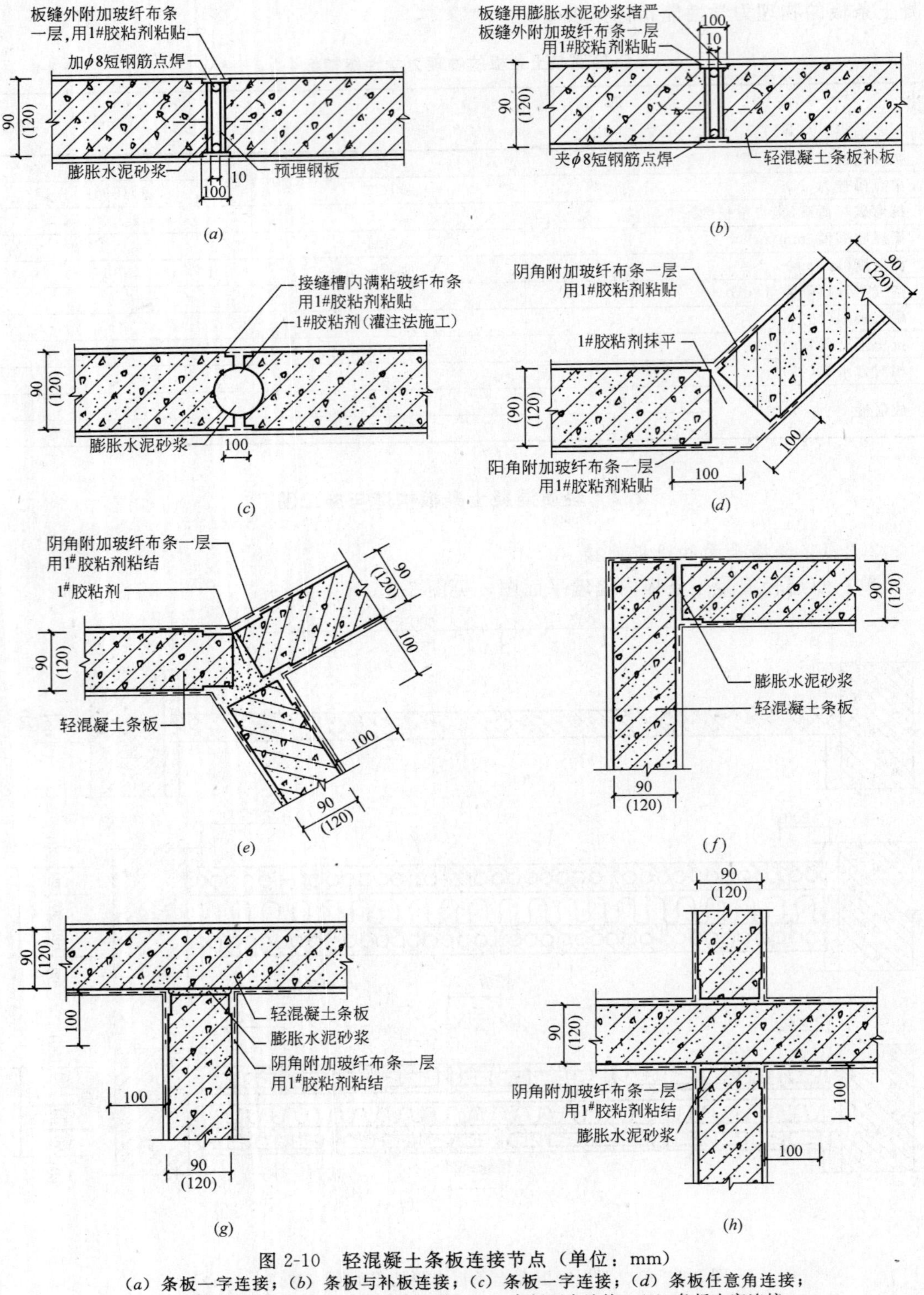

图 2-10　轻混凝土条板连接节点（单位：mm）

(*a*) 条板一字连接；(*b*) 条板与补板连接；(*c*) 条板一字连接；(*d*) 条板任意角连接；(*e*) 条板三叉连接；(*f*) 条板直角连接；(*g*) 条板丁字连接；(*h*) 条板十字连接

2.2.2　条板与主体结构、门窗的连接构造

轻混凝土条板与墙、柱连接节点，见图 2-11。

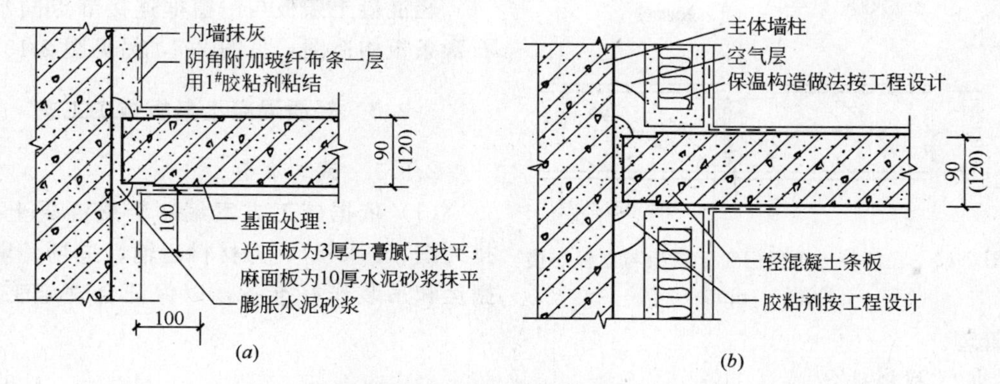

图 2-11　轻混凝土条板与墙、柱连接节点（单位：mm）

(*a*) 条板与墙连接；(*b*) 条板与保温墙连接

轻混凝土条板与梁、板连接节点，见图 2-12。

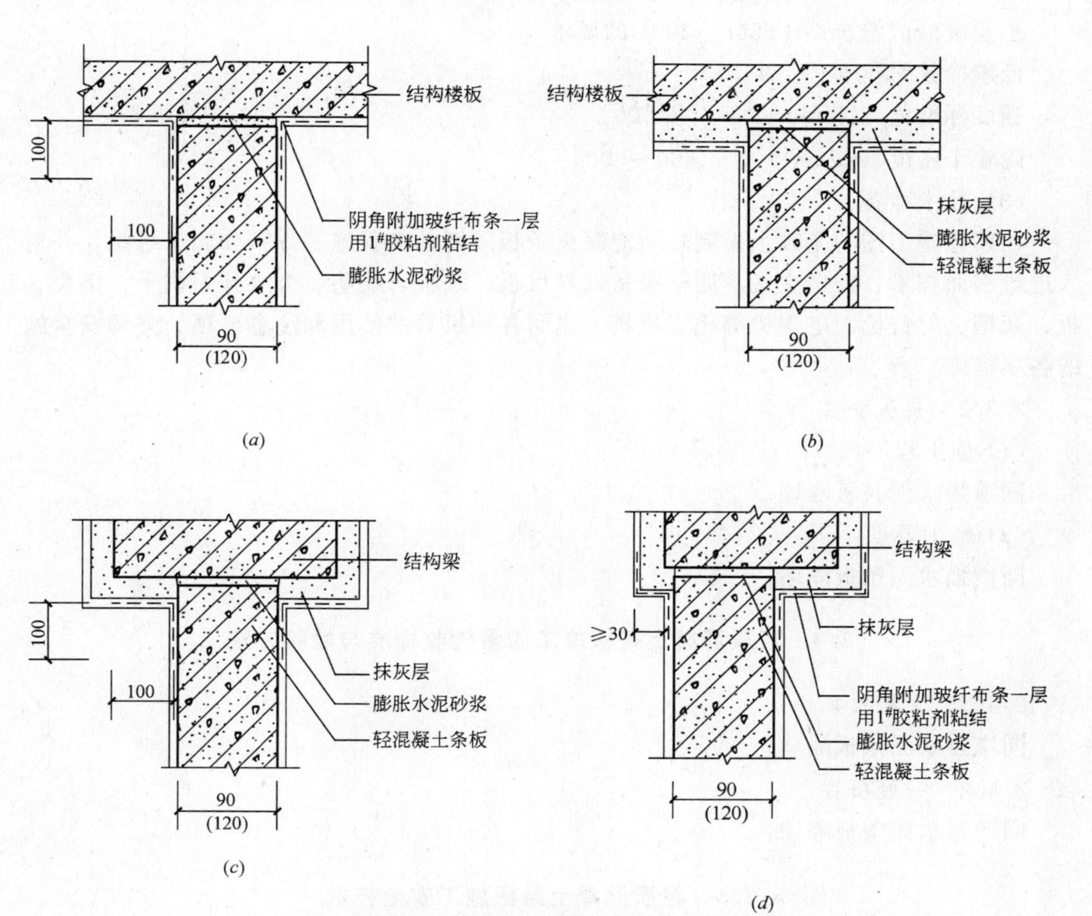

图 2-12　轻混凝土条板与梁、板连接节点（单位：mm）

(*a*)、(*b*) 条板与楼板底面连接；(*c*)、(*d*) 条板与梁底连接

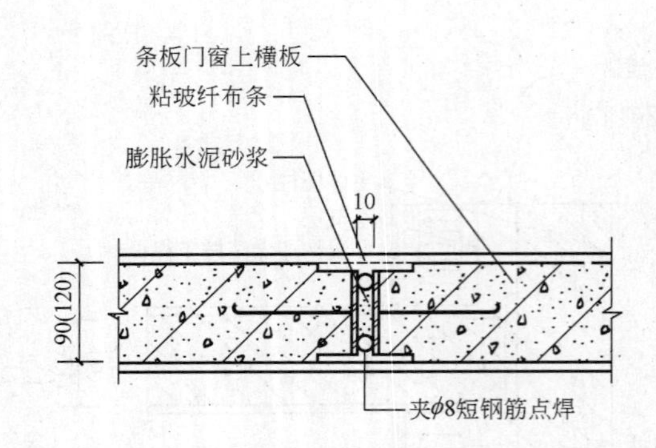

图 2-13　轻混凝土条板门窗上横板与立板连接（单位：mm）

轻混凝土条板与地面连接、踢脚做法节点同水泥、石膏条板构造图，见图 2-6。

轻混凝土条板与门窗框连接节点同水泥、石膏条板构造图，见图 2-7，另见图 2-13。

2.3　轻质混凝土条板施工工艺

2.3.1　施工准备

（1）依据施工方案编制轻质混凝土条板排列图（图 2-9），为材料运输、进场、堆放、搬运和吊装作好准备，以保证合理施工，科学管理。

（2）材料准备

建筑工程质量的保证，其所用材料是关键因素之一。因此所有进入施工现场的材料必须经过验收合格并且符合以下要求方可使用。

32.5 级或者 42.5 级普通硅酸盐水泥应符合 GB 175—1999 的要求。

工业废渣应符合 GB 6566—2001 的要求。

低碳冷拔钢丝 Φ4 乙级。

强度标准值（N/mm^2）　　≥500。

陶粒干密度（kg/m^3）　　600～900。

（3）技术准备

在熟悉施工图的基础上编制轻质混凝土条板隔墙的工程施工方案和施工组织，并对工人进行书面技术、安全交底。同时准备好靠尺板、线板、线坠、大小开刀刷子、钢尺、刮板、灰槽、射钉枪、电焊机等施工机具。说明各种机具的使用和注意事项。强调安全施工的各项措施。

2.3.2　条板安装

（1）施工程序

同增强水泥条板隔墙。

（2）施工要点

同增强水泥条板隔墙。

2.4　轻质混凝土条板施工质量验收标准与检验方法

2.4.1　主控项目

同增强水泥条板隔墙。

2.4.2　一般项目

同增强水泥条板隔墙。

2.5　轻质混凝土条板施工安全技术

同增强水泥条板隔墙。

课题3　植物纤维复合条板

3.1　植物纤维复合条板材料及选用

3.1.1　规格品种

植物纤维复合条板（FGC），简称植物纤维条板。植物纤维条板是以锯末、麦秸、稻草、玉米秆等植物秸秆中的一种材料，加入以轻烧镁粉、氯化镁、稳定剂、改性剂等为原料配制的胶粘剂，是一种中碱或无碱短玻纤为增强材料制成的中空型轻质条板。植物纤维复合条板规格见表2-9。

植物纤维复合条板规格　　**表2-9**

板厚(mm)	板长(mm)	板宽(mm)	耐火极限(h)	重量(kg/m²)	隔声(dB)
100	2400～3300	600	≥1	≤60	≥35
200	2400～3600	600	≥1	≤60	≥45

3.1.2　主要性能

植物纤维复合条板具有重量轻、强度高、不变形、收缩小、不燃、吸水率低、安装方便等特点。植物纤维复合条板的物理力学性能指标见表2-10。

植物纤维复合条板力学性能指标　　**表2-10**

项目 \ 板厚	100mm	200mm
抗冲击性能(次)	≥6	≥8
单点吊挂力(N)	≥1300	≥1500
抗弯破坏荷载(板自重倍数)	≥6	≥8
干燥收缩值(mm/m)	≤0.6	≤0.6
面密度(kg/m²)	≤32	≤52
空气声计权隔声量(dB)	≥42	≥46
耐火极限(h)	≥118	≥118
轴心受压(kN)	≥54	≥56
软化系数(%)	≥0.86	≥0.86
耐水性	水中泡7天无变化	
吸水率(%)	≤15%	≤15%
抗返卤性	无水珠，无返潮	无水珠，无返潮

3.2　植物纤维复合条板构造与施工图

3.2.1　隔墙平面和条板连接

植物纤维复合条板内隔墙平面，见图2-14。

植物纤维复合条板连接节点，见图2-15。

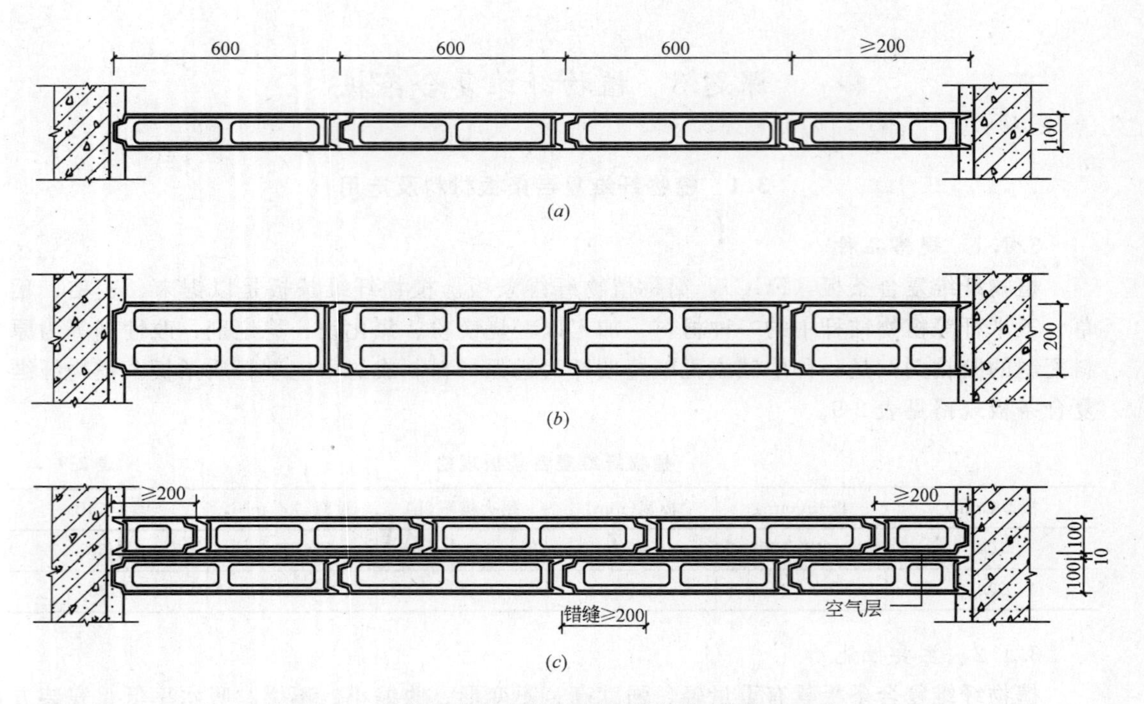

图 2-14 植物纤维复合条板内隔墙平面（单位：mm）

(*a*) 单排孔条板隔墙排列平面（隔声≥35dB）；(*b*) 双排孔条板隔墙排列平面（隔声≥45dB）；(*c*) 双层条板隔墙排列平面（隔声≥45dB）

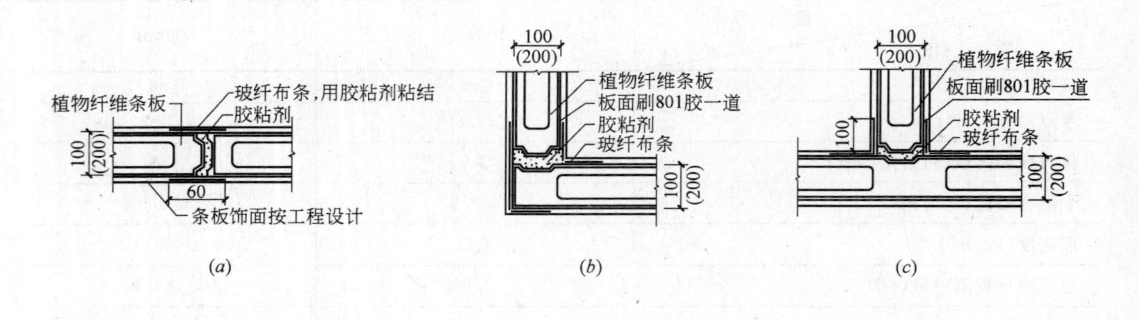

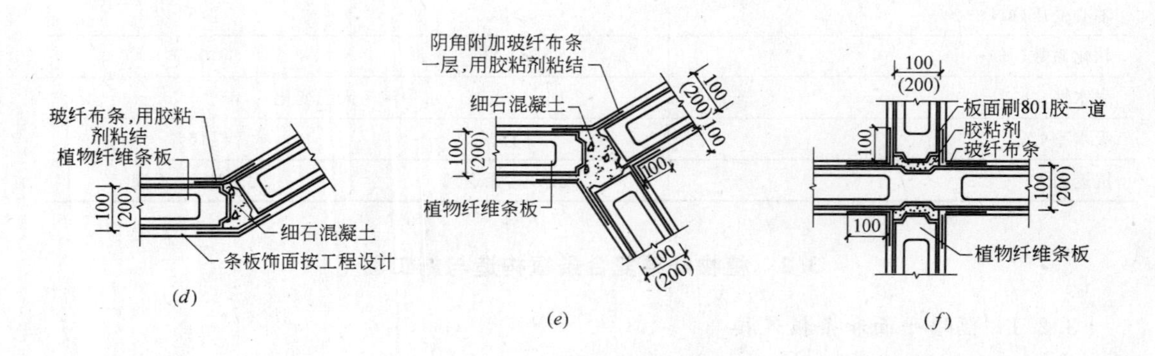

图 2-15 植物纤维条板连接节点（单位：mm）

(*a*) 一字连接；(*b*) 直角连接；(*c*) T形连接；(*d*) 任意角连接；(*e*) 三叉连接；(*f*) 十字形连接

3.2.2 条板与主体结构、门窗的连接构造

植物纤维复合条板与墙、柱连接节点，见图 2-16。

植物纤维复合条板与梁、板连接节点，见图 2-17。

植物纤维复合条板抗震构造节点，见图 2-18。

植物纤维条板与地面连接、踢脚做法节点，见图 2-19。

植物纤维条板与门窗框连接节点，见图 2-20。

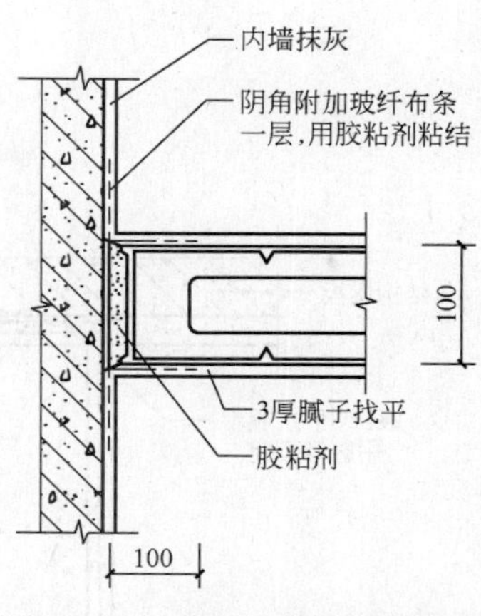

图 2-16 植物纤维条板与墙连接（单位：mm）

3.3 植物纤维复合条板施工工艺

3.3.1 施工准备

（1）在熟悉材料特点的前提下，依据施工方案编制轻质混凝土条板排列图（参见图 2-9），为材料运输、进场、堆放、搬运和吊装作好准备，以保证合理施工，科学管理。

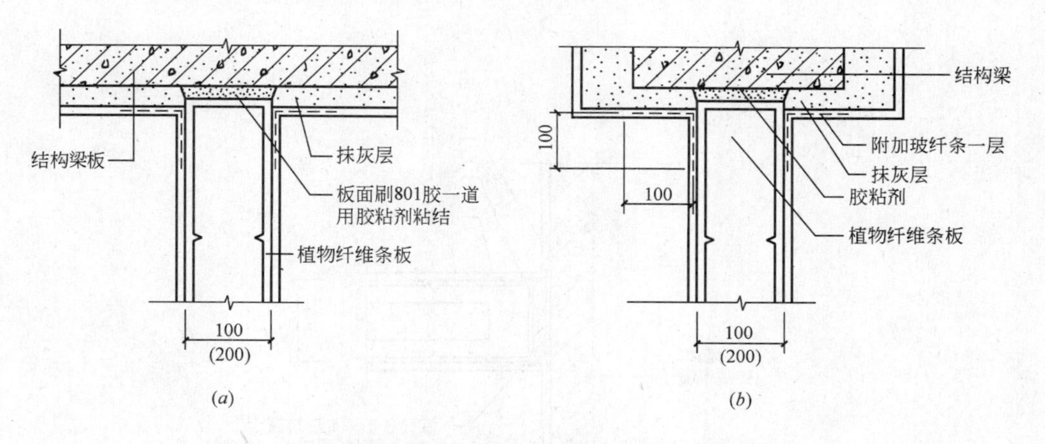

图 2-17 植物纤维条板与梁、板连接节点（单位：mm）

（a）条板与楼板底面连接；（b）条板与梁底连接

（2）材料准备

建筑工程质量的保证，其所用材料是关键因素之一。因此所有进入施工现场的材料必须经过验收合格并且符合以下要求方可使用。

轻烧镁粉应符合 JC/T 449—2000 一等品、优等品要求。

氯化镁应符合 JC/T 449—2000 要求。

秸秆：细度 60～80 目，含水率≤8%～10%，含土量≤1%。

玻璃纤维：中碱熟丝玻璃纤维、无碱玻璃纤维。

3.3.2 条板安装

（1）施工程序

同增强水泥条板隔墙。

（2）施工要点

同增强水泥条板隔墙。

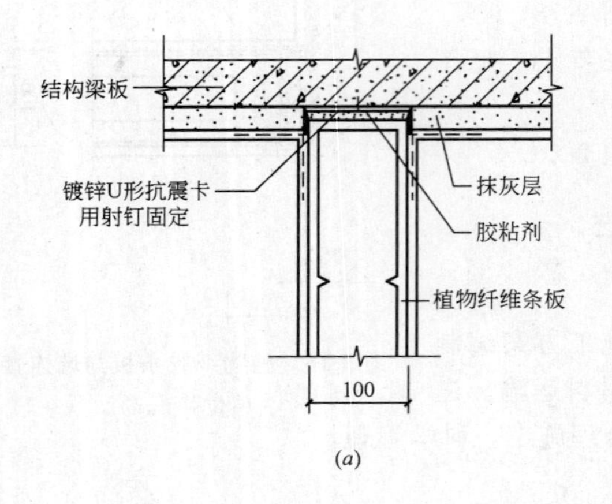

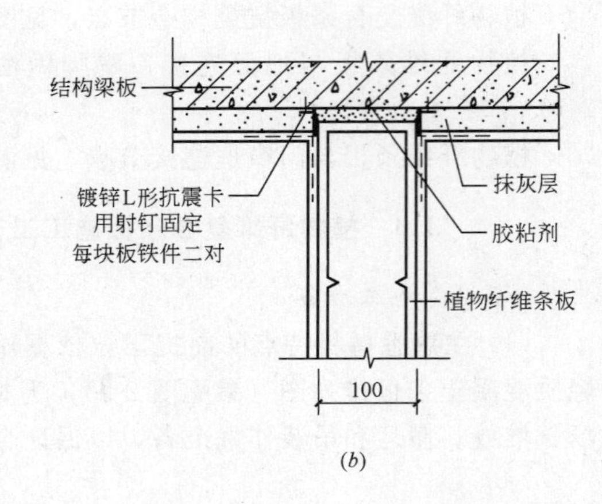

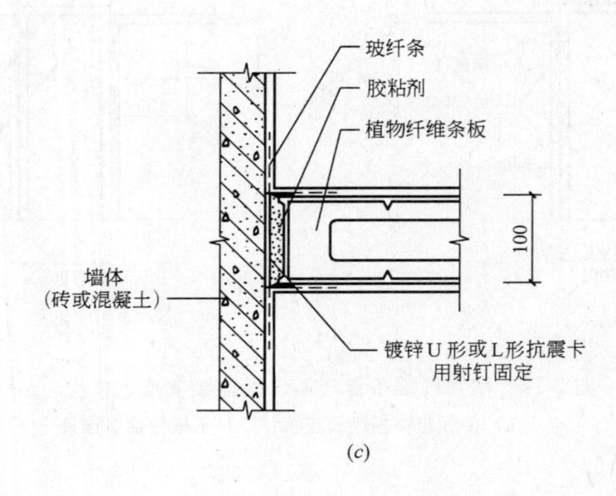

图 2-18　植物纤维条板抗震构造节点（单位：mm）

(*a*)、(*b*) 条板与结构梁板连接；(*c*) 条板与结构墙连接

3.4　植物纤维复合条板施工质量验收标准与检验方法

3.4.1　主控项目

同增强水泥条板隔墙。

3.4.2　一般项目

同增强水泥条板隔墙。

3.5　植物纤维复合条板施工安全技术

同增强水泥条板隔墙。

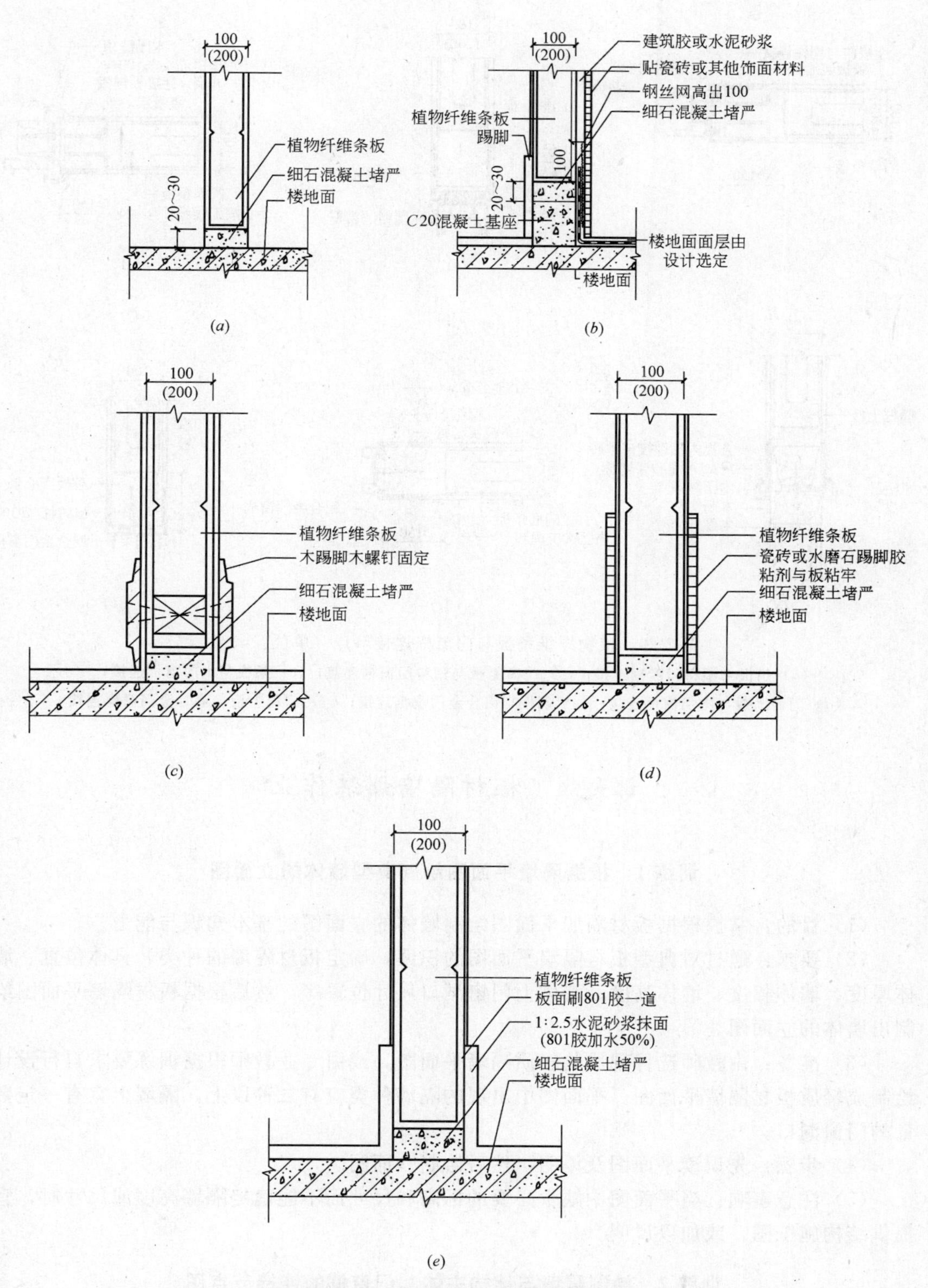

图 2-19 植物纤维条板与地面连接、踢脚做法节点（单位：mm）

（*a*）条板与楼地面连接；（*b*）条板与卫生间楼地面连接；（*c*）木踢脚；（*d*）瓷砖或水磨石踢脚；（*e*）水泥砂浆踢脚

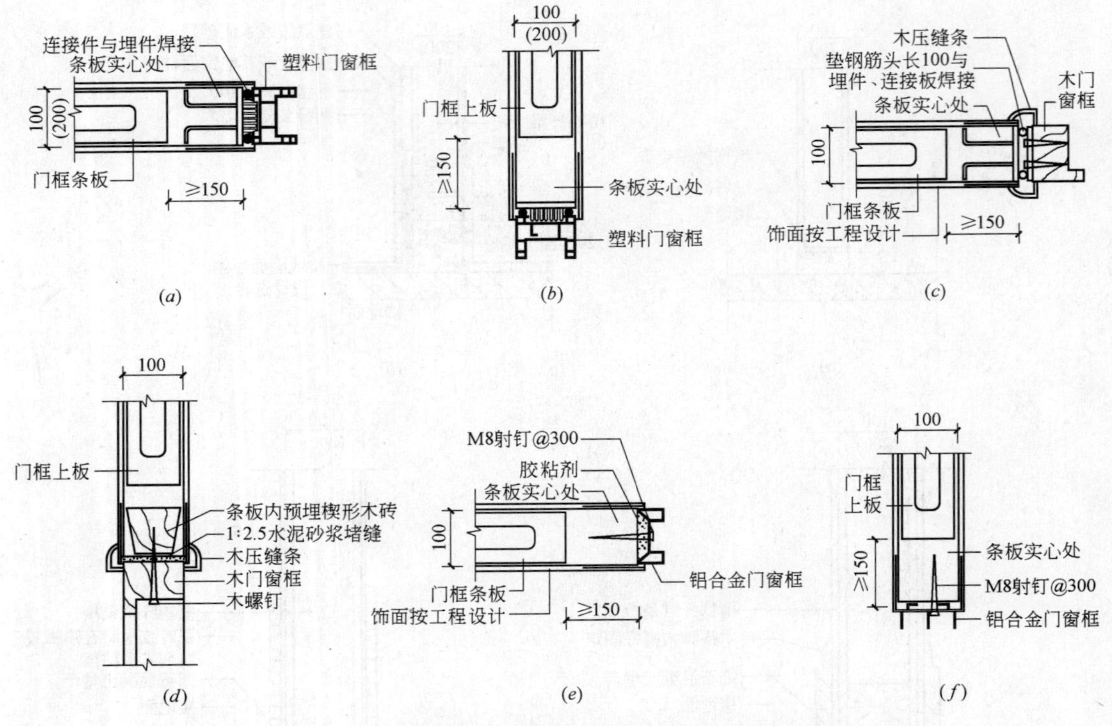

图 2-20 植物纤维条板与门窗框连接节点（单位：mm）

(*a*) 条板与塑料门窗框连接；(*b*) 门窗上板与塑料门窗框连接；(*c*) 条板与木门窗框连接；
(*d*) 门窗上板与木门窗框连接；(*e*) 条板与铝合金门窗框连接；(*f*) 门窗上板与铝合金门窗框连接

课题 4 板材隔墙训练作业

训练 1 根据隔墙平面图绘制典型墙体的立面图

(1) 目的：掌握根据板材隔墙平面图绘制墙体的立面图的基本知识与能力。

(2) 要求：通过对典型板材隔墙平面图的识读，确定板材隔墙的种类、具体位置、墙体厚度、墙体长度、墙体高度、墙体上门窗洞口尺寸位置等，然后根据板材隔墙平面图绘制出墙体的立面图。

(3) 准备：由教师选择现成的轻质隔墙平面图，或由专业教师根据训练要求自行设计绘制成轻质板材隔墙平面图。平面图中出现的隔墙种类应有二种以上，隔墙上宜有一定数量的门窗洞口。

(4) 步骤：先识读平面图及说明，然后绘制立面图。

(5) 注意事项：当平面图中缺少必要的标高和尺寸而不能确定隔墙高度或尺寸时，宜提供结构施工图，或加以说明。

训练 2 绘制隔墙与结构主体、门窗框的连接节点图

(1) 目的：掌握板材隔墙构造详图识读与绘制的基本知识与能力。

（2）要求：通过对典型板材隔墙平、立、剖面图的识读，确定隔墙的种类、具体位置、墙体厚度、墙体长度、墙体高度、墙体上门窗洞口尺寸位置以及与结构主体、门窗框的连接方式等。

（3）准备：由教师选择现成的一套板材隔墙平、立、剖面图，或由专业教师根据训练要求自行设计绘制一套板材隔墙平、立、剖面图。图中出现的隔墙种类宜为二种以上，隔墙高度不同（例如梁底或板底），隔墙中宜有转角、T 形或十字形连接形式，隔墙上宜有一定数量的门窗洞口。

（4）步骤：先识读平、立、剖面图，再绘制隔墙与结构主体、门窗框的连接节点图。

（5）注意事项：让学生熟悉不同种类板材隔墙与结构主体、门窗框的连接节点图中的构造异同。

思考题与习题

1. 增强水泥隔墙条板（GRC）是怎样的一种板材？有什么特点？
2. 增强石膏隔墙条板是怎样的一种板材？有什么特点？
3. 轻质混凝土条板是怎样的一种板材？有什么特点？
4. 请说出轻质混凝土条板施工有哪些准备工作？
5. 植物纤维复合条板（FGC）是怎样的一种板材？有什么特点？
6. 结合各种隔墙的特点，说明各种隔墙的选用。
7. 依据验收规范要求，请说出板材隔墙施工质量验收的标准与检验方法。

单元3 骨架隔墙

（国家建筑设计标准 03J111-1）

知识点： 材料及选用；常用构造与施工图；施工工艺与方法；成品保护；安全技术；专用施工机具；施工质量验收标准与检验方法。

教学目标： 通过课程教学和技能实训，学生应能识读骨架隔墙装饰施工图；能够识别骨架隔墙的常用构造；能根据施工现场条件测量放样；能组织骨架隔墙基层与饰面的施工作业；能掌握质量验收标准与检验方法，组织检验批的质量验收；能组织实施成品与半成品保护与劳动安全技术措施。

采用轻钢龙骨（或木龙骨、石膏龙骨等其他材料的龙骨）为墙体骨架，以4～25mm厚的建筑平板为罩面板，组装成建筑物内部的非承重轻质墙体，称为骨架隔墙，或龙骨平板墙体（或是所谓“立筋式隔墙”墙体）。

课题1 木骨架隔墙

1.1 木骨架隔墙材料及选用

1.1.1 骨架材料

（1）规格品种

木龙骨由上槛、下槛、立柱和横挡组成。通常木龙骨的上下槛和立筋断面约为50mm×70mm或50mm×100mm，有时也有用45mm×45mm 40mm×60mm或45mm×90mm截面尺寸的木方条材。斜撑和横挡的断面与立柱相同，也可稍小一些。立柱与横挡的间距要与罩面板的规格相配合，立柱间距为400～600mm，横挡间距可与立柱间距相同，也可适当放大。

（2）主要性能

木龙骨主要用于木质隔墙或灰板条、钢板网抹灰隔墙。这种骨架具有取材方便，易施工、工效高等特点。但其防火耐火性能较之轻钢龙骨、石膏龙骨相对较低。因此使用木龙骨做隔墙的骨架必须将所有的木龙骨作防火防腐处理，例如按要求涂刷防火涂料，以提高骨架防火耐火能力。隔墙木龙骨的树种、材质和规格应符合设计要求，选材标准应执行《木结构工程施工质量验收规范》（GB 50206—2002）的有关规定。木方材料的含水率应不大于25%，通风条件较差的木方材料含水率应不大于20%。木龙骨常用木材的特性见表3-1。

（3）木龙骨的选用

隔墙木骨架采用的木材的树种、材质等级、含水率以及防腐、防虫、防火处理，必须符合设计要求和《建筑装饰装修工程质量验收规范》（GB 50210—2001）规定。接触砖、石、混凝土的骨架和预埋木砖，应经防腐处理，所用钉件必须镀锌。如采用市售成品木龙

木龙骨常用木材的特性 表 3-1

序号	树 种	主 要 特 点
1	落叶松	干燥较慢、易开裂，在干的过程中容易轮裂，耐腐蚀性强
2	泪松	干燥较慢，若干燥不当，可能翘曲，耐腐蚀性较强，心材耐白蚁
3	云杉	干燥易，干后不宜变形，收缩较大，耐腐蚀性中等
4	软木松	如：红松、华北松、广东松、新疆红松等；干燥易，不易开裂或变形，收缩小，耐腐蚀中等
5	硬木松	如：马尾松、云南松、黄山松、油松等；干燥时，可能翘裂，不耐腐，最易受白蚁危害
6	铁杉	干燥较易，耐腐蚀性中等
7	水曲柳	干燥困难，易翘裂，耐腐蚀性较强
8	桦木	干燥较易，不翘裂，但不耐腐蚀

骨，应附产品合格证。还应根据《建筑设计防火规范》的规定和设计要求，按建筑物耐火等级对木龙骨构件耐火极限的要求确定所采用的阻燃剂或防火材料。

1.1.2 *罩面板*

木骨架隔墙一般采用木拼板、木板条、胶合板、纤维板等作为罩面板。它可以代替刷浆、抹灰等湿作业施工，这是一大特点。罩面板品种繁多，可以减轻建筑物自身重量，提高保温、隔热、隔声性能，并可降低劳动强度，加快施工进度，是不可多得的一种先进的罩面隔断技术。以下主要介绍工程中最常用的一些品种。

(1) 胶合板

胶合板隔墙是常见的一种木骨架隔墙形式，在装饰装修工程应用比较普遍。是一种用量最多、用途最广的一种人造板材。胶合板在隔墙工程中主要起罩面饰面作用。

胶合板是用原木旋切成薄片，再用胶凝剂按奇数层数，以各层纤维互相垂直的方向，粘合热压而成的人造板材。胶合板的最高层数为 15 层，建筑装饰工程常用的是三层板和五层板。我国目前主要采用水曲柳、椴木、桦木、马尾松及部分进口原木制成。

胶合板的种类较多，按制作胶合板的木材种类，可分阔叶树胶合板和针叶树胶合板两种，按胶合板的主要特性，可分为普通胶合板和特种胶合板（例如难燃胶合板）等几种。

普通胶合板按其主要性能可分为四类，即Ⅰ类耐气候、耐沸水胶合板（NQF），具有耐久、耐煮沸或蒸汽处理、耐干热和抗菌等性能；Ⅱ类耐水胶合板（NS），具有耐冷水浸泡或短时间热水浸泡，抗菌但不耐煮沸；Ⅲ类耐潮湿胶合板（NC），具有耐短期冷水浸泡；Ⅳ类不耐潮胶合板（BNC），有一定胶合强度，但不耐水。

按胶合板表板和内层板的层数，可分为三夹板、五夹板、七夹板、九夹板等；胶合板的厚度为 2.7、3、3.5、4、5、5.5、6、7mm 等，自 6mm 起，按 1mm 递增。厚度自 4mm 以下为薄胶合板。3、3.5、4mm 厚的胶合板为常用规格。普通胶合板的幅面规格尺寸见表 3-2。普通胶合板的主要技术性能见表 3-3。

普通胶合板的幅面规格尺寸（mm） 表 3-2

宽 度	长 度				
	915	1220	1830	2135	2440
915	915	1220	1830	2135	—
1220	—	1220	1830	2135	2440

普通胶合板的主要技术性能 表 3-3

种类	树种	分类	胶合强度(MPa)	平均绝对含水率(%)
阔叶树胶合板	桦木	Ⅰ、Ⅱ	≥1.00	Ⅰ、Ⅱ类:6~14 Ⅲ、Ⅳ类:8~16
		Ⅲ、Ⅳ	≥0.70	
	水曲柳、荷木、枫香、柞木、榆木	Ⅰ、Ⅱ	≥0.80	
		Ⅲ、Ⅳ	≥0.70	
	椴木、杨木、拟赤杨	Ⅰ、Ⅱ	≥0.70	
		Ⅲ、Ⅳ	≥0.70	
针叶树胶合板	松木	Ⅰ、Ⅱ	≥0.80	6~14
		Ⅲ、Ⅳ	≥0.70	8~16

普通胶合板的其他技术要求及检验方法可参见 GB 9846.3—88、GB 9846.4—88、GB 9846.5—88 等。

(2) 纤维板

纤维板是将碎木加工成纤维状，除去杂质，经纤维分离、喷胶（常用酚醛树脂胶）、成型、干燥后，在高温下用压力机压缩而成。加工后应整张无缝无节，材质均匀，且纵横方向强度一致。与胶合板相比，纤维板生产成本低，可节省木材。纤维板是木材的优良代用材料，它具有良好的易加工性能。硬质纤维板常用于木质隔墙作为罩面饰面板。

按照材料的硬度，纤维板可分为：硬质纤维板、半硬质（中密度）纤维板、普通纤维板。硬质纤维板按板面可分为一面光硬质纤维板和二面光硬质纤维板两种。

硬质纤维板的幅面尺寸（mm）常用的有：610×1220、915×1830、1000×2000、915×2135、1220×1830、1220×2440。硬质纤维板的厚度有：2.50、3.00、3.20、4.00、5.00mm 等。其他品种纤维板材规格尺寸与硬质纤维板类似。

硬质纤维板按物理力学性能和外观分为特级、一级、二级、三级四个等级，硬质纤维板的技术性能见表 3-4。

硬质纤维板的技术性能 表 3-4

项目	特级	普通级		
		一级	二级	三级
重量不小于(kg/m^3)	1000	900	800	800
吸水率不大于(%)	15	20	30	35
含水率(%)	4~10	5~12	5~12	5~12
静曲强度不小于(MPa)	50	40	30	20

硬质纤维板的其他技术要求及检验方法可参见《硬质纤维板技术要求》(GB 12626.2—90) 等。

(3) 中密度纤维板

中密度纤维板是以木质纤维或其他植物纤维为原料，施加脲醛树脂或其他适用的胶粘剂制成密度在 0.5~0.88g/cm³ 的板材。中密度纤维板表面光滑、材质细密、强度较硬质纤维板低、容易加工、有一定的绝缘性能，常用于木质隔墙作为罩面饰面板。

中密度纤维板按体积密度分为三种类型，即 80 型（公称密度 0.80g/cm³）、70 型（公称密度 0.70g/cm³）、60 型（公称密度 0.60g/cm³）。每种类型的产品分为特级品、一级品、二级品三个等级。按胶粘剂类型分为室内用和室外用两种。

中密度纤维板的长度为 1830、2135、2440mm，宽度为 1220mm，厚度为 6、9、12、

15（16）、18（19）、21、24（25）mm 等。

中密度纤维板的外观质量应符合表 3-5 的规定；产品出厂含水率应为 4%～13%，吸水厚度膨胀率不得超过 12%；板内甲醛释放量：每 100g 板重的总抽出甲醛量不得超过 70mg。

中密度纤维板的表面外观质量　　　　表 3-5

缺陷名称	缺陷规定	允许范围		
		特级	一级	二级
局部松软	直径≤80mm	不允许	1个	3个
边角缺损	宽度≤10mm	不允许		允许
分层、鼓泡、炭化		不允许		

中密度纤维板的其他技术要求及检验方法参见《中密度纤维板技术要求和验收规则》（GB 11718.2—89）等。

（4）其他罩面板

细木工板：它是夹芯胶合板的一种。细木工板的板芯由木条组成，木条之间可以胶粘，也可以不用胶粘，两面胶粘一层或二层单板，再加压而制成。细木工板常用于龙骨隔墙作为罩面板。

纸面石膏板：详见本单元课题 2。

纤维水泥加压板：采用木纤维、改性维尼纶纤维、矿物纤维、水泥及添加料，经抄造（铺料）成型，加压、蒸养、砂磨等工艺制成的高强度、轻质、不燃、防水、高密度、耐久、抗冻融的建筑板材。

纤维石膏板：采用木纤维、石膏为主要原料，经抄造（铺料）成型，蒸养、砂磨等工艺制成的建筑板材。

另外木龙骨隔墙亦可采用传统的灰板条抹灰、灰板条钢丝网抹灰和钢筋钢板网抹灰做法，形成木龙骨隔墙面层。灰板条采用表面粗糙的松木锯材，长度通常为 800mm 和 1200mm，宽度为 30～35mm，厚度为 6～8mm。

1.2　木骨架隔墙构造与施工图

1.2.1　木骨架隔墙的主要类型

木骨架隔墙，在木骨架上按面板不同可分为板条抹灰、编竹抹灰、苇箔抹灰、灰板条加钢丝网抹灰或钉胶合板、纤维板等隔墙。

1.2.2　木骨架隔墙的主要构造

灰板条隔墙基本构造组成、节点，见图 3-1、图 3-2。

灰板条加钢丝网抹灰隔墙基本构造组成、节点，见图 3-3。

木夹板隔墙基本构造组成、节点，见图 3-4。

1.3　木骨架隔墙施工工艺

1.3.1　施工准备

（1）材料准备

木骨架隔墙在施工时，由于可供选择的罩面板多种多样，不同的材料要求用不同的工

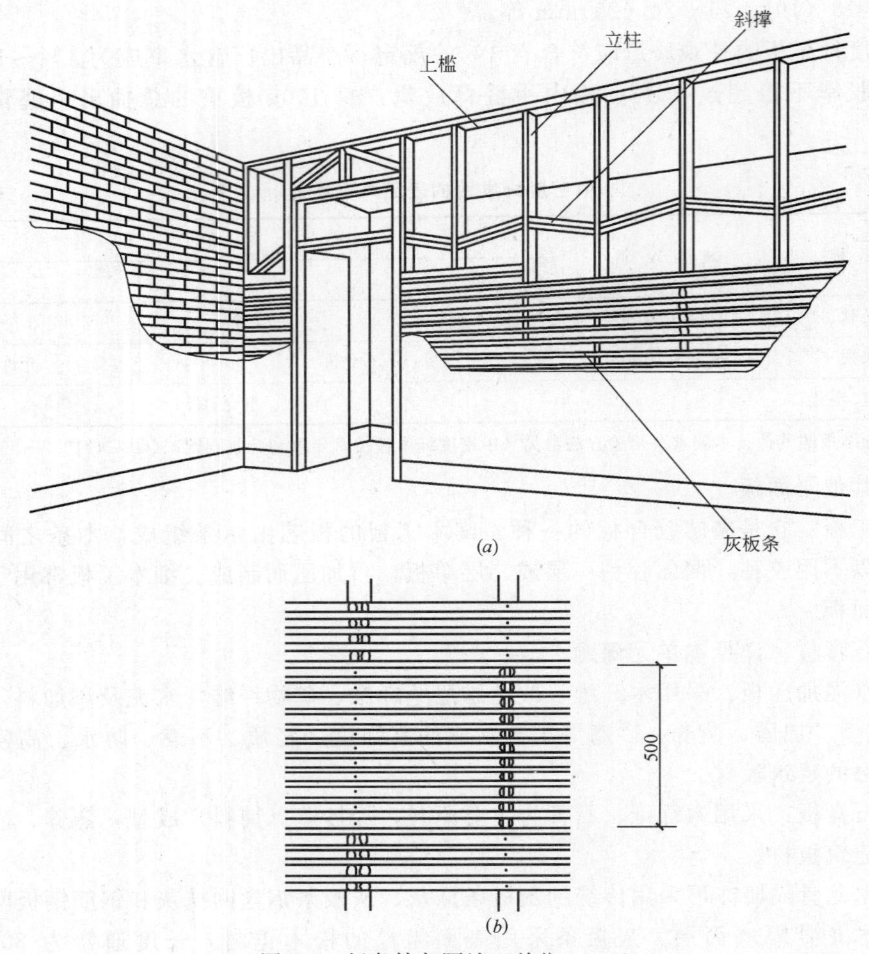

图 3-1　板条抹灰隔墙（单位：mm）

（*a*）板条隔墙构造示意图；（*b*）板条的钉法

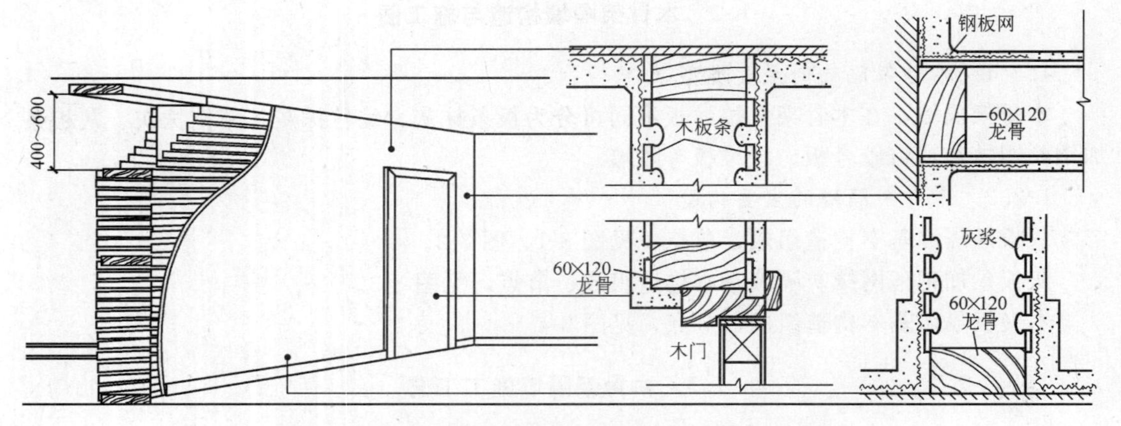

图 3-2　灰板条隔墙基本构造组成、节点（单位：mm）

具和施工工艺，从而保证成品和产品的质量。因此对所有进场的材料和产品必须检查，验收合格后方可使用。下面木骨架隔墙及材料的基本要求。

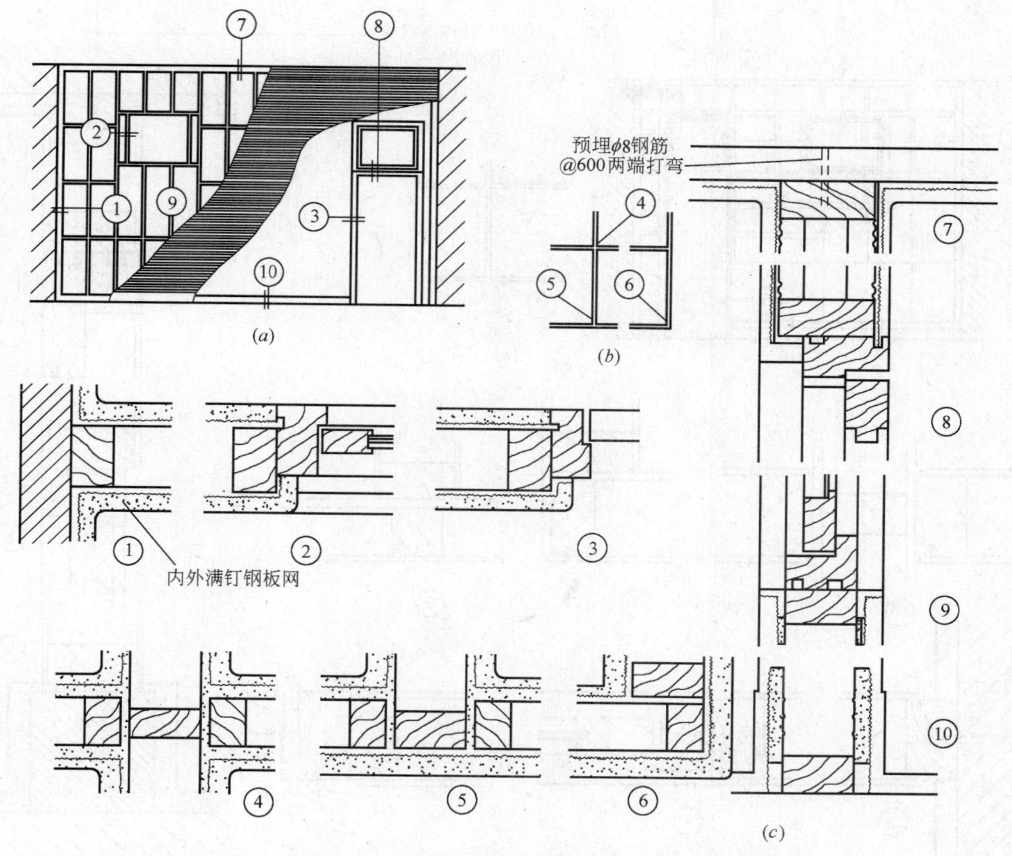

图 3-3 灰板条加钢丝网抹灰隔墙基本构造组成及节点构造示意（单位：mm）

（a）立面示意；（b）平面示意；（c）节点①～⑩

木龙骨及罩面板必须符合设计要求和《建筑装饰装修工程质量验收规范》（GB 50210—2001）规定要求。

紧固材料、嵌缝材料按照设计要求选用。

填充材料满足功能要求，符合设计。

板的甲醛含量应符合国家规范的规定，并应进行复检。

（2）技术准备

在选定罩面板后，依据龙骨和罩面板的特点结合施工工艺，编制木骨架隔墙的工程施工方案和施工组织，并对技术人员和工人进行书面技术、安全交底。同时准备好靠尺板、线板、线坠、大小开刀刷子、钢尺、刮板、灰槽、射钉枪、电焊机等施工机具。说明各种机具的使用和注意事项，强调安全施工的各项措施。

1.3.2 施工程序

采用木龙骨骨架形式做室内隔墙时，隔墙木骨架的安装顺序为：隔墙放线→地枕基座施工→安装沿顶龙骨和沿地龙骨→安装门窗洞口框的龙骨→竖向龙骨分档→安装竖龙骨→安装横向贯通龙骨、横撑以及卡档龙骨→安装一侧罩面板→安装墙体内管线等→安装墙体填充材料→安装另一侧罩面板。

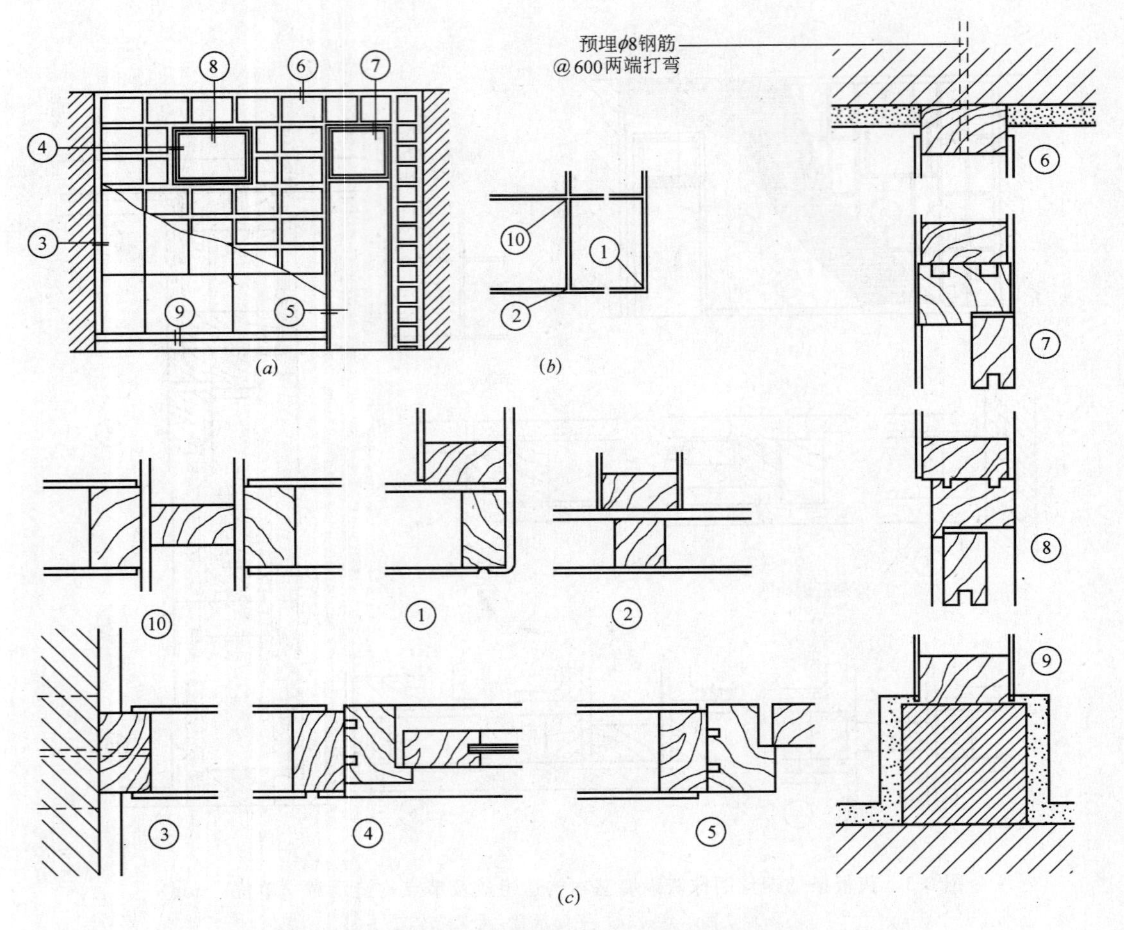

图 3-4　木夹板隔墙基本构造组成及节点构造示意（单位：mm）

(*a*) 立面示意；(*b*) 平面示意；(*c*) 节点①～⑩

1.3.3　施工要点

木骨架隔墙施工主要包括两个方面的内容：木骨架的施工、安装和罩面板的安装。

(1) 木骨架施工

1) 制作木隔断的木料，应采用红松或衫木，含水量不得超过规定的允许值。

2) 必须按设计图纸规定的木隔断位置，在砌筑砖墙时应预埋经过防腐处理的木砖，一般每 6 皮砖埋设一个。

3) 木隔断必须用钉子与预埋木砖钉牢，安装完后应保持隔板平直、稳定，连接完整、牢固。

4) 所有明露木材，均需刷底油一遍，罩面漆两道。

5) 木隔断门窗小五金，必须按图装配齐全，一般设有 $L=75$mm 普通绞链 2 个；$L=100$mm 拉手 1 个；$L=75$mm 普通插销 1 个。

(2) 木骨架的安装

木骨架中，上、下槛与立柱的断面一般为 50mm×70mm，50mm×100mm，45mm×45mm，40mm×60mm，45mm×90mm。斜撑与横挡的断面与立柱相同，立柱与横挡的间

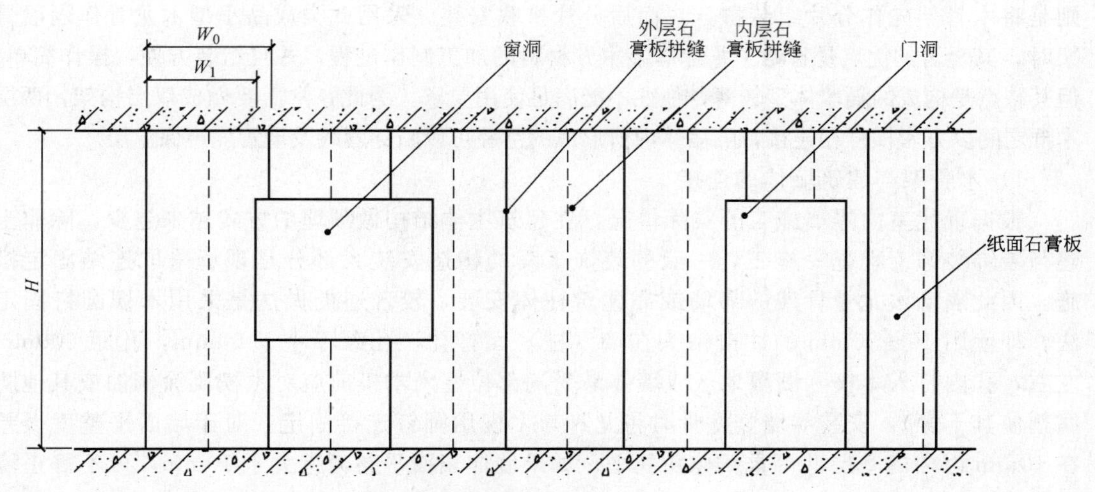

说明：H：一般不大于 3000mm，超过此限时，应采取加强措施。

W_0：1200mm，为一张完整石膏板的宽度。

W_1：依设计尺寸。

当隔断墙采用双层石膏板时，内、外二层石膏板应错缝。

图 3-5　内隔墙立面

距要与罩面板的规格相配合，在一般情况下，立柱的间距可取 400，450mm 或 455mm，横挡的间距可与立柱的间距相同，也可适当放大。

隔墙木骨架所用木材的树种、材质等级、含水率以及防腐、防虫、防火处理，必须符合设计要求和《建筑装饰装修工程质量验收规范》（GB 50210—2001）规定。接触砖、石、混凝土的骨架和预埋木砖，应经防腐处理，所用钉件必须镀锌。如系选用市售成品木龙骨，应附产品合格证。

（3）施工工艺

先在楼地面上弹出隔墙的边线，并用线坠将边线引到两端墙上，引到楼板或过梁的底部。根据所弹的位置线，检查墙上预埋木砖，检查楼板或梁底部预留钢丝的位置和数量是否正确，如有问题及时处理。然后钉靠墙立筋，将立筋靠墙立直，钉牢于墙内防腐木砖上。再将上槛托到楼板或梁的底部，用预埋钢丝绑牢，两端顶住靠墙立筋钉固。将下槛对准地面事先弹出的隔墙边线，两端撑紧于靠墙立筋底部，而后在下槛上划出其他立筋的位置线。

安装立筋，立筋要垂直，其上下要顶紧上下槛，分别用钉斜向钉牢。然后在立筋之间钉横撑，横撑可不与立筋垂直，将其两端头按反方向处理成斜面，以便楔紧和钉钉。横撑的垂直间距宜为 1.2～1.5m，在门樘边的立筋应加大断面或者是双根并用，门樘上方加设人字撑固定。

目前采用现制方木龙骨以及在建筑墙体内预埋防腐木砖和在楼板或梁底预留钢丝的做法已逐渐减少，对于室内轻型的隔墙木质骨架，多是选用市场上广泛出售的截面为 25mm×30mm 的成品木方龙骨，龙骨上带有凹槽，可在施工现场的地面上进行纵横咬口拼装，组成方格框架，方格中至中的规格为 300mm×300mm 或 400mm×400mm。对于面积较小的隔墙龙骨，可一次拼装好木骨架后与墙体及顶、地固定；对于大面积的隔墙，则是将木骨架先作分片组装拼合，而后分片拼联安装。采用此类成品小型木龙骨作隔墙骨架时，其显著的优点是省略了龙骨框架木方材料的加工制作过程，并且组装方便，操作简单，但其缺点是构成的隔墙体型较薄，往往不能满足使用要求。为此，常需要做成双层构架，两层木框之间以方木横杆相连接，隔墙体内所形成的空腔可以暗穿管线及设置隔声保温层。

1）木骨架与建筑墙体的连接

根据现代室内隔墙施工的实际情况，在建筑主体结构做预埋的方式越来越少，除非土建与装饰装修工程统一施工，一般的装饰工程的构造安装大部分是现场采取连结固定措施。因此隔墙木龙骨骨架的靠墙或靠建筑柱体安装，较普通的做法是采用木楔圆钉固定法。即使用16～20mm的冲击钻头在墙（柱）面打孔，孔深不小于60mm，孔距600mm左右，孔内打入木楔（潮湿地区或墙体易受潮部位塞入木楔前应对木楔刷涂桐油或其他防腐剂使其干燥），安装靠墙竖龙骨时将龙骨与木楔用圆钉连接固定。对于墙面平整度误差在10mm以内的基层，可重新抹灰找平；如果墙体表面平整偏差大于10mm，可不修正墙体，而是在龙骨与墙面之间加设木垫块进行调平，对于大木方组成的隔墙骨架，在建筑结构内无预埋的，龙骨与墙体的连接也可采用塞入木楔的方法，但木楔较大时容易在凿洞过程中损伤墙体，所以多是采用胀铆螺栓连接固定，固定木骨架前，应按对应地面和顶面的墙面固定点的位置，在木骨架上画线，标出连接点位置，再在固定点打孔，用胀铆螺栓连接固定。

2）木骨架与地（楼）面的连接

常用的做法是用ϕ7.8mm或ϕ10.8mm的钻头按300～400mm的间距在地（楼）面打孔，孔深为45mm左右，利用M6或M8的胀铆螺栓将沿地面的龙骨固定。对于面积不大的隔墙木骨架，也可采用木楔圆钉固定法，在楼地面打ϕ20mm左右的孔，孔深50mm左右，孔距300～400mm，孔内打入木楔，将隔墙木骨架的沿地龙骨用圆钉固定于木楔。对于较简单的隔墙木骨架，还有的采用高强水泥钉，将木骨架的沿地面龙骨钉牢于混凝土地、楼面。

3）木骨架与吊顶的连接

一般情况下，隔墙木骨架的顶部与建筑楼板底的连接可有多种选择：采用射钉固定连结件，采用胀铆螺栓，或是采用木楔圆钉等做法均可。如若隔墙上部的顶端不是建筑结构，而是与装饰吊顶相接触时，其处理方法需根据吊顶结构而择定。对于不设开启门扇的隔墙，当其与铝合金或轻钢龙骨吊顶接触时，只要求与吊顶面间的缝隙要小而平直，隔墙木骨架可独自通入吊顶内与建筑楼板以木楔圆钉固定。当其与吊顶的木龙骨接触时，应将吊顶木龙骨与隔墙木龙骨的沿顶龙骨钉接起来，如果两者之间有接缝，还应垫实接缝后再钉钉子。对于设有开启门扇的木隔墙，考虑到门的启闭振动及人的往来碰撞，其顶端应采用可靠的固定措施，一般做法是其竖向龙骨穿过吊顶面与建筑楼板底面固定，需采用斜角支撑。斜角支撑的材料可以是方木，也可以是角钢，斜角支撑杆件与楼板底面的夹角以60°为宜。斜角支撑与基本的固定方法，可用木楔铁钉或胀铆螺栓。

4）木骨架隔墙门窗的构造做法

（a）门框构造

木隔墙的门框是以门洞口两侧的竖向木龙骨为基体，配以挡位框、饰边板或饰边线组合而成的。传统的大木方骨架的隔墙门洞竖龙骨断面大，其挡位框的木方可直接固定于竖向木龙骨上。对于小木方双层构架的隔墙，由于起方木断面较小，应该先在门洞内侧钉固12mm厚的胶合板或实木板之后，才可在其上固定挡位框。如若对木隔墙门的设置要求较高，起门框的竖向方木应具有较大断面，并须采取铁件加固法，这样做可以保证不会由于门的频繁启闭振动而造成隔墙的颤动或松动。

木质隔墙门框在设置挡位框的同时，为了收边、封口和装饰美观，一般都采用包框饰边的结构形式，常见的有厚胶合板加木线条包边、阶梯式包边、大木线条压边等。安装固定时可使用胶粘钉合，装设牢固，注意铁钉应冲入面层。

(b) 窗框构造

在制作木隔墙时应预留出窗洞口，待罩面施工时用胶合板和装饰木线进行压线和定位。木隔线的窗式可以是固定的，也可以是带有活动窗扇的，其固定式是用木压线条将玻璃板固定与窗框中，其活动窗扇式与普通活动窗基本相同。

5) 隔墙罩面板施工

隔墙木骨架通过隐蔽工程验收合格后，方可铺装罩面板，与木质罩面板接触面的龙骨应刨削平直，横竖龙骨交接处必须平整。下面以施工质量要求较高的胶合板和纤维板为例，说明木龙骨隔墙罩面板的施工技术质量要求：

(a) 安装胶合板采用普通圆钉固定时，钉距为80～150mm，钉帽打扁并进入板面1mm，钉眼用油性腻子抹平；

(b) 胶合板面如涂刷清漆时，相邻板面的木纹和颜色应近似；

(c) 纤维板如用圆钉固定，钉距为80～120mm，钉长为20～30mm，钉帽宜进入板面0.5mm，钉眼用油性腻子抹平；

(d) 硬质纤维板应用水浸透，自然阴干后再进行安装；

(e) 胶合板、纤维板用木压条固定时，钉距不应大于80mm，钉帽应打扁并进入木压条0.5～1mm，钉眼用油性腻子抹平。

6) 接缝处理

(a) 按使用量和凝结时间分批拌制嵌缝腻子。

(b) 对纸面石膏板板缝进行清洁，确保缝内无污物。

(c) 将嵌缝腻子填入板间缝隙，压抹严实，厚度以不高出板面为宜。

(d) 待嵌缝腻子固化后，再用嵌缝腻子涂抹在板缝两侧石膏板上，涂抹宽度自板边起应不小于50mm。

(e) 将接缝纸带（或玻璃纤维接缝带）贴在板缝处，用抹刀刮平压实，纸带与嵌缝腻子间不得有气泡；接缝纸带中线同纸面石膏板板缝中线重合，使接缝纸带在相邻两张纸面石膏板上的粘贴面积相等；将接缝纸带边缘压出的嵌缝腻子刮抹在纸带上，抹平压实，使纸带埋于嵌缝腻子中。

(f) 上述工序完成后静置，待其凝固。

(g) 用嵌缝腻子将第一道接缝覆盖，刮平，宽度较第一道接缝每边宽出至少50mm。

(h) 上述工序完成后静置，待其凝固。

(i) 用嵌缝腻子将第二道接缝覆盖，刮平，宽度较第二道接缝每边宽出至少50mm。如遇切割边接缝则每道嵌缝腻子的覆盖宽度应放宽10cm。

(j) 待嵌缝腻子凝固后，用砂纸轻轻打磨，使其同板面平整一致。接缝处理，包括平面接缝和阴阳角接缝处理要求见图 3-6 所示。

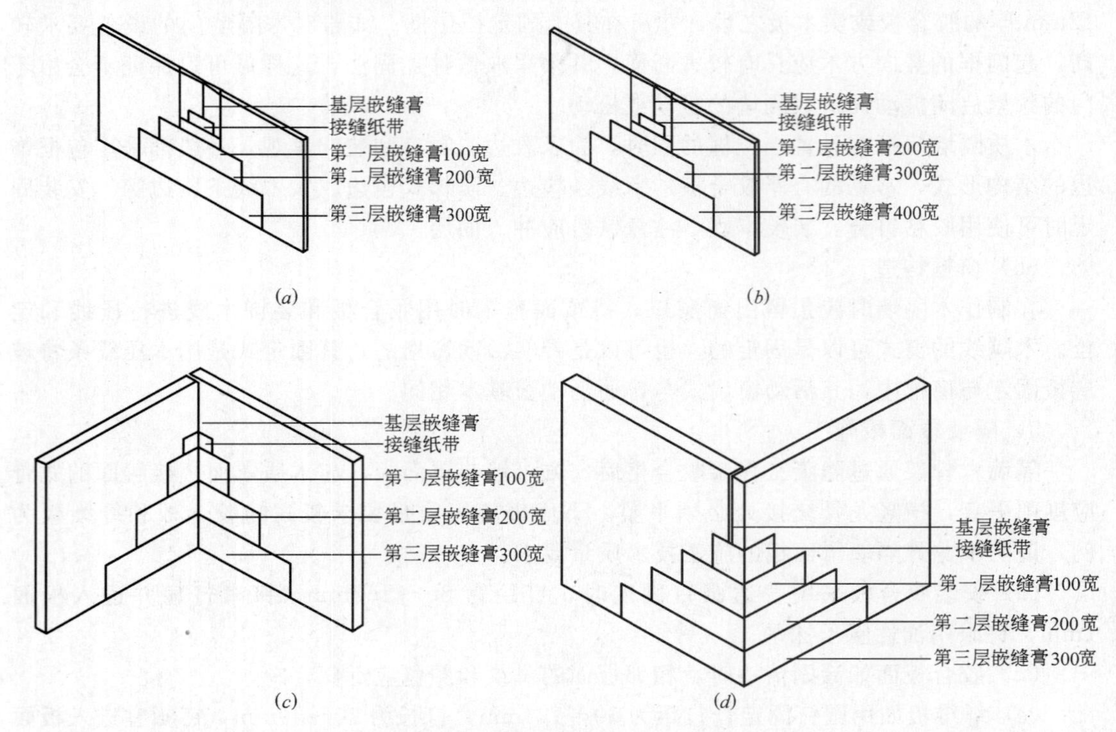

图 3-6 面板接缝处理（一）（单位：mm）

(*a*) 楔形边接缝处理；(*b*) 直角边或切割边割切接缝处理；(*c*) 墙面阴角接缝处理；(*d*) 墙面阳角接缝处理

1.4 木骨架隔墙施工质量验收标准与检验方法

依照《建筑装饰装修工程质量验收规范》(GB 50210—2001) 的规定，在施工过程中和施工完成后，必须按照以下内容和方法对工程进行验收，以确保工程质量。木骨架隔墙工程的检查数量应符合下列规定，每个检验批应至少抽查 10%，并且不得少于 3 间，不足 3 间时应全数检查。

1.4.1 主控项目内容及验收要求 (GB 50210—2001)，见表 3-6。

主控项目内容及验收要求 表 3-6

项次	项目内容	质量要求	检查方法	备注(规范)
1	材料质量	骨架隔墙所用龙骨、配件、墙面板、填充材料及嵌缝材料的品种、规格、性能和技术、木材的含水率应符合设计要求。有隔声、隔热、阻燃、防潮等特殊要求的工程，材料应有相应性能等级的检测报告	观察检查产品的合格证书、进场验收记录、性能检测报告和复验报告	GB 50210—2001 7.3.3
2	龙骨连接	骨架隔墙工程边框龙骨必须与基体结构连接牢固，并应平整、垂直、位置正确	手扳检查尺量检查；检查隐蔽工程验收记录	GB 50210—2001 7.3.4
3	龙骨间距及构造连接	骨架隔墙中龙骨间距和构造连接方法应符合设计要求。骨架内设备管线的安装、门窗洞口等部位加强龙骨应安装牢固、位置正确，填充材料的设置应符合设计要求	检查隐蔽工程验收记录	GB 50210—2001 7.3.5

续表

项次	项目内容	质量要求	检查方法	备注(规范)
4	防腐、防火	木龙骨以及木墙面板的防腐、防火的处理必须符合设计要求	检查隐蔽工程验收记录	GB 50210—2001 7.3.6
5	墙面板安装	骨架隔墙的墙面板应安装牢固,无脱层、翘曲、折裂及缺损	观察;手扳检查	GB 50210—2001 7.3.7
6	墙面板接缝材料及方法	墙面板所用接缝材料的接缝方法应符合设计要求	观察	GB 50210—2001 7.3.8

1.4.2 一般项目内容及验收要求(GB 50210—2001),见表3-7。

一般项目内容及验收要求 **表 3-7**

项次	项目内容	质量要求	检查方法	备注(规范)
1	表面质量	骨架隔墙表面应平整光滑、色泽一致、洁净、无裂缝,接缝应均匀、顺直	观察;手摸检查	GB 50210—2001 7.3.9
2	孔洞、槽、盒	隔墙上的孔洞、槽、盒应位置正确、套割吻合、边缘整齐	观察	GB 50210—2001 7.3.10
3	填充材料	骨架隔墙内的填充材料应干燥,填充应密实、均匀、无下坠	轻敲检查;检查隐蔽工程验收记录	GB 50210—2001 7.3.11

1.4.3 骨架隔墙安装的允许偏差和检验方法,见表3-8。

骨架隔墙安装的允许偏差和检验方法 **表 3-8**

项次	项目	允许偏差(mm)		检查方法
		纸面石膏板	人造木板水泥纤维板	
1	立面垂直度	3	4	用2m垂直检测尺检查
2	表面平整度	3	3	用2m靠尺和塞尺检查
3	阴阳角方正	3	3	用直角检测尺检查
4	接缝直线度	—	3	拉5m线,不足5m拉通线,用钢直尺检查
5	压条直线度	—	3	拉5m线,不足5m拉通线,用钢直尺检查
6	接缝高低差	1	1	用钢直尺和塞尺检查

在依照规范进行质量验收时,不仅要进行现场的验收,同时也要认真查阅与工程相关的所有资料,其中质量验收文件是主要内容之一。轻质骨架隔墙工程的质量验收文件主要由以下文件组成:

(1)轻质骨架隔墙工程的施工图、设计说明及其他设计文件;

(2)材料的产品合格证书、性能检测报告、进场验收记录和复验报告;

(3)隐蔽工程验收记录;

(4)施工记录;

(5)质量验收记录表(GB 50210—2001),见表3-9。

1.5 木骨架隔墙施工安全技术

由于木骨架隔墙的多样性,无论是在施工过程中还是施工结束以后,都要注意建筑工

质量验收记录表　　表 3-9

单位(子单位)工程名称					
分部(子分部)工程名称				验收部位	
施工单位				项目经理	
分包单位				分包项目经理	
施工执行标准及编号					
施工质量验收规范的规定				施工单位检查评定记录	监理(建设)单位验收记录
主控项目	1	材料质量	GB 50210—2001 7.3.3		
	2	龙骨连接	GB 50210—2001 7.3.4		
	3	龙骨间距及构造连接	GB 50210—2001 7.3.5		
	4	防腐、防火	GB 50210—2001 7.3.6		
	5	墙面板安装	GB 50210—2001 7.3.7		
	6	墙面板接缝方法	GB 50210—2001 7.3.8		
一般项目	1	表面质量	GB 50210—2001 7.3.9		
	2	孔洞、槽、盒	GB 50210—2001 7.3.10		
	3	填充材料	GB 50210—2001 7.3.11		
	4	允许偏差	GB 50210—2001 7.3.12		
施工单位检查评定结果	专业工长(施工员)			施工班组长	
	项目专业质量检查员：　年　月　日				
监理(建设)单位验收结论	专业监理工程师 (建设单位项目专业技术负责人)：　年　月　日				

程质量和功能的保护以及施工人员的健康和安全。所以在施工期间，要求在以下三个方面严格遵守国家法律法规、条例，确保各项工作顺利进行。

1.5.1　成品和半成品保护

(1) 骨架隔墙施工中，各个工种间应保证已装项目不受损坏，墙内管线以及设备不错位和损坏。龙骨安装完后不能碰撞，严禁上人，注意交叉作业保护，非专业人员不能随意切断龙骨。

(2) 施工部位已经安装的门窗等应注意保护，防止损坏。

(3) 已经安装的墙体不得碰撞，保持墙面不损坏和污染。

1.5.2 安全管理措施

(1) 施工现场必须设专人打扫和洒水等，减少环境污染。

(2) 有噪声的电动工具应在规定的时间段内施工，严禁违章作业，防止噪声污染、扰民。

(3) 机电器具必须安装漏电保护器，非机电操作人员严禁使用，以免伤人。

(4) 施工现场保持空气畅通。

(5) 废弃物应按环境要求分类堆放或者消纳（纸面石膏板、水泥纤维板）。

(6) 进入施工现场必须佩戴安全帽，高空作业应系安全带。

(7) 隔断工程的脚手架搭设应符合相应的安全标准。

(8) 搭设脚手架的场地必须平整，坚实，并且做好排水。

(9) 在脚手架基础或邻近处严禁进行挖掘作业，严禁攀爬脚手架。

1.5.3 注意问题

(1) 墙体收缩变形以及板面裂缝隙：竖向龙骨紧顶上下龙骨，没有伸缩量，长度超过12m的墙体未做变形缝，易造成墙面变形；隔墙周边应留3mm的空隙，以减少因温度、湿度的影响产生的变形和裂缝，重要部位必须附加龙骨。

(2) 墙体罩面板不平：龙骨安装错位等原因。

(3) 明凹缝不匀：罩面板缝隙没有作好，施工时应注意板块分挡尺寸，保证板间拉缝一致。

课题2 轻钢龙骨隔墙

2.1 轻钢龙骨隔墙材料及选用

2.1.1 骨架材料

(1) 规格品种

隔墙用轻钢龙骨亦称墙体轻钢龙骨，是以厚度为0.5～1.5mm的镀锌钢板（带）、薄壁冷轧退火钢板卷（带）或彩色喷塑钢板（带）为原料，采用冷弯工艺制作而成的薄壁型钢，而加工制成的轻质隔墙骨架支撑材料。隔墙用轻钢龙骨，应满足设计和防火、耐久性要求，并符合国家标准《建筑用轻钢龙骨》（GB 11981）的规定；安装龙骨的配件，应符合建材行业标准《建筑用轻钢龙骨配件》（JC/T 558—94）的要求。

轻质隔墙用的轻钢龙骨，按其用途不同可分为横龙骨，如：沿地、沿顶龙骨、水平龙骨、横撑龙骨、通撑龙骨等；竖龙骨，如：沿边龙骨、立筋等；通贯龙骨（墙体龙骨构架采用通贯系列龙骨产品时使用）等。参见表3-10。

根据不同的建筑轻钢龙骨产品系列，还有加强龙骨（C形加强龙骨）、水平龙骨（C形）、扣合龙骨（不等翼C形竖龙骨，可用于门窗等洞口部位作竖向杆件，双根扣合安装，故也称为“扣盒子”龙骨）、空气龙骨（用于建筑外墙时，作为竖龙骨与外墙之间的连接构件）等。按其规格尺寸的不同区分，分为Q50（50系列）、Q75（75系列）、Q100（100系列）、Q150（150系列）等。

墙体轻钢龙骨的主要类型和规格 **表 3-10**

名称	规格 ($A\times B\times t$,mm)	断面图示	重量 (kg/m)	用　途
横龙骨 (U形龙骨、沿地沿顶龙骨、天地龙骨)	50×40×0.6		0.58	①轻质内(隔)墙骨架上下(顶、地)与建筑主体结构的连接固定 ②与竖龙骨固定 ③可在墙体构架中用作横撑、斜撑计费通贯系列(或无配件体系龙骨墙体构造)龙骨中的水平横向杆件(或称"通撑龙骨")
	75×40×0.6(1.0)		0.70(1.16)	
	100×40×0.7(1.0)		0.95(1.36)	
	150×40×0.7(1.0)		1.23	
竖龙骨 (C形龙骨、立筋)	50×40×0.6		0.77	①在墙体骨架中竖直安装，作为固定罩面板的主要构件 ②在轻质墙体的端边与建筑结构的墙(柱)体连接固定(或与隔断墙体的附加柱连接固定) ③在有配件龙骨体系构架中，可分段与竖龙骨连接形成通常的水平龙骨(或称"通撑龙骨")
	50×50×0.6			
	75×45×0.6(1.0)		0.89(1.48)	
	75×50×0.6(1.0)			
	100×45×0.6(1.0)		1.17(1.67)	
	100×50×0.6(1.0)			
	150×50×0.7(1.0)		1.45	
通贯龙骨 (U形龙骨、通贯横撑龙骨)	38×12×1.0		0.45	在墙体轻钢龙骨的通贯系列产品中，用以水平方向穿越各条竖龙骨并与竖龙骨相连接，使龙骨组架保持稳固

注：表中龙骨断面尺寸及重量为基本数值，与具体产品或许有所差异。参见国家建筑标准设计 03J111-1。

墙体龙骨配件，主要有：

支撑卡，即罩面材料与龙骨固定时起辅助支撑作用，并在竖龙骨的开口面起锁紧作用；

卡托，用于竖龙骨开口面与横撑龙骨连接；

角托，在竖龙骨背面连接固定横撑；

以及通贯龙骨连接件（接长件）等。

（2）主要性能

轻钢龙骨的技术性能，主要包括：外观质量、表面防锈、断面尺寸及角度允许偏差和力学性能等。

1）外观质量：龙骨外形应平整、棱角清晰，切口不允许有影响使用的毛刺和变形。镀锌层不允许有起皮、起瘤、脱落等缺陷。按规定方法及监测时，应符合以下规定，见表 3-11。

轻钢龙骨的外观质量 **表 3-11**

缺陷种类	技术要求		
	优等品	一等品	合格品
腐蚀、损伤、黑斑、麻点	不允许	无较严重的腐蚀、损伤、麻点。面积不大于 1cm² 的黑斑，每米长度内不多于 5 处	

2）表面防锈：轻钢龙骨表面应镀锌防锈，其双面镀锌量应不小于以下规定，见表 3-12。

轻钢龙骨双面镀锌量标准 表 3-12

项　目	优 等 品	一 等 品	合 格 品
双面镀锌量	120	100	80

注：龙骨及其配件表面允许用喷漆、喷塑等其他防锈方法，其性能应符合国家标准的规定。

3）断面尺寸及角度允许偏差：应符合以下规定，见表 3-13。

轻钢龙骨断面尺寸允许偏差（mm） 表 3-13

项　目			允 许 偏 差		
			优等品	一等品	合格品
墙体轻钢龙骨断面尺寸	尺寸 A		±0.3	±0.4	±0.5
	尺寸 B	$B \leqslant 30$	±1.0		
		$B > 30$	±1.5		

4）墙体轻钢龙骨底面和侧面平直度，见表 3-14。

轻钢龙骨底面和侧面平直 表 3-14

项　目		平直度指标(mm/1000)		
		优等品	一等品	合格品
横龙骨和竖龙骨	侧面	0.5	0.7	1.0
	底面	1.0	1.5	2.0
通贯龙骨	侧面和底面	1.0	1.5	2.0

5）墙体轻钢龙骨弯曲内角半径，见表 3-15。

轻钢龙骨弯曲内角半径 表 3-15

项　目	龙骨弯曲内角半径(mm)				
钢板厚度 δ	≤0.75	≤0.80	≤1.00	≤1.20	≤1.50
弯曲内角半径 R	1.25	1.50	1.75	2.00	2.25

6）墙体轻钢龙骨角度允许偏差，见表 3-16。

轻钢龙骨角度允许偏差 表 3-16

成形角的最短边尺寸(mm)	优 等 品	一 等 品	合 格 品
10～18	±1°15′	±1°30′	±2°00′
>18	±1°00′	±1°15′	±1°30′

7）墙体轻钢龙骨组件的力学性能，见表 3-17。

轻钢龙骨组件的力学性能 表 3-17

项　目	技 术 要 求
抗冲击性试验	最大残余变形量不大于 10.0mm，龙骨不能有明显的变形
静载试验	最大残余变形量不大于 2.0mm

2.1.2 罩面板

可用于轻钢龙骨隔墙的罩面板种类很多，除了各种实木板材外，现代工程中使用的有各种人造板材（胶合板、纤维板、细木工板、刨花板等及其带有饰面的板材）、纸面石膏板、水泥纤维板、石膏纤维板、防火板、金属板、塑料板等。以下主要介绍最常用的几种。

（1）纸面石膏板

以建筑石膏为主要原料，掺入纤维和外加剂构成心材，并与护面纸牢固地结合在一起的建筑板材成为纸面石膏板。用纸面石膏板做隔墙时，骨架可以用木骨架、石膏骨架和轻钢龙骨骨架。

1）纸面石膏板的规格尺寸

纸面石膏板有纸覆盖的纵边为棱边；垂直棱边的切割边为端头；护面纸的边部无搭接的板面称为正面；平行于棱边的板的尺寸为长度；垂直于棱边的板的尺寸为宽度；板材的正面和背面间的垂直距离为厚度。纸面石膏板从性能上可分为：普通纸面石膏板（代号P）、耐水纸面石膏板（代号S）、耐火纸面石膏板（代号H）三种。纸面石膏板的板材种类和规格尺寸，见表3-18。

纸面石膏板的板材种类和规格尺寸 **表3-18**

板材种类	板材特点	板材规格尺寸
普通纸面石膏板(P)	以建筑石膏为主要原料,掺入适量轻集料、纤维增强材料和外加剂构成心材,并与护面纸牢固粘结而成建筑板材	长度：1800,2100,2400,3300,3600 宽度：900,1200 厚度：9.5,12,15,18,21,25
耐水纸面石膏板(S)	以建筑石膏为主要原料,掺入适量纤维增强材料和耐水外加剂等构成耐水心材,并与耐水护面纸牢固粘结而成吸水率较低的建筑板材	
耐火纸面石膏板(H)	以建筑石膏为主要原料,掺入适量轻集料、无机耐火纤维增强材料和外加剂等构成耐火心材,并与护面纸牢固粘结,而形成能够改善高温下心材结合力的建筑板材	

纸面石膏板按棱边形状可分为：矩形（代号PJ）、45度倒角形（代号PD）、楔形（代号PC）、半圆形（代号PB）、和圆形（代号PY）五种。

纸面石膏板产品标记的顺序为：产品名称、板材棱边形状的代号、板宽、板厚及标准号。如板材棱边为楔形，宽度为900mm，厚度为12mm的普通纸面石膏板，标记为PC900×12GB9775。

2）纸面石膏板的主要性能

纸面石膏板主要原料是以天然二水石膏经煅烧、磨细而成的半水石膏（β-$CaSO_4 \cdot 1/2H_2O$）适量掺加添加剂（胶粘剂、促凝剂、缓凝剂）和纤维做板芯，以特殊的板纸做护面，牢固粘结，便制成轻质板料。纸面石膏板具有重量轻、强度高、防火、防蛀、抗震、隔热、美观及可裁、可钉、可锯、可刨、可钻、可粘结等特点，表面平整、施工方便、有利抗震等特点，成为骨架隔墙中最常用的罩面板。纸面石膏板的技术性能，见表3-19。

（2）纤维增强水泥平板

1）纤维增强低碱度水泥平板

纸面石膏板的技术性能　　表 3-19

项目		板厚(mm)	指标	项目		指标
单位面积质量(kg/m²)		9	≤9	密度(kg/m³)		750～900
		12	≤12	含水率(%)		<2
		15	≤15	隔声系数(dB)(墙板)		35～50
断裂荷载(N)	纵向弯曲	9	>360	导热系数(λ)(W/m·K)		0.194～0.29
		12	>500	耐火极限(min)	普通石膏板	5～10
		15	>650			
	横向弯曲	9	>140		防火石膏板	>20
		12	>180			
		15	>220	耐水性(浸止吸水率)(%)		>30

注：(1) 护面纸与石膏芯应粘结良好，按规定方法测定时，石膏芯应不裸露。
(2) 耐水纸面石膏板板材的吸水率应不大于10%。
(3) 耐水纸面石膏板板材的表面吸水量应不大于160g/m²。
(4) 耐火纸面石膏板板材的遇火稳定时间应不小于20min。
(5) 纸面石膏板上述技术要求的检验方法等，可参见《纸面石膏板》(GB/T 9775—1999)。

墙体罩面采用的纤维增强水泥平板，应符合《纤维增强水泥低碱度建筑平板》(JC/T 626—96)、《维纶纤维增强水泥平板》(JC/T 671—1997)、《不燃性无机复合板通用技术条件》(GA 160—1997) 等有关标准的规定。纤维增强水泥建筑平板的规格尺寸，见表 3-20。

纤维增强水泥建筑平板的规格尺寸　　表 3-20

规格	尺　寸(mm)	规格	尺　寸(mm)
长度	1200,1800,2400,2800,3000	厚度	4,5,6,8,10,12
宽度	800,900,1000,1200		

2) 维纶纤维增强水泥平板

维纶纤维增强水泥平板是以改性维纶纤维或高弹模维纶纤维为主要增强材料，以水泥或水泥与轻骨料为基材，并允许掺入少量辅助材料制成的不含石棉的纤维水泥平板。按密度不同分为维纶纤维增强水泥平板（A 型板）、维纶纤维增强水泥平板（B 型板）。A 型板主要用于非承重墙体、吊顶、通风道等；B 型板主要用于非承重内隔墙、吊顶等。维纶纤维增强水泥平板的规格尺寸与尺寸允许偏差，见表 3-21。

维纶纤维增强水泥平板的规格尺寸与尺寸允许偏差　　表 3-21

项　目	公 称 尺 寸	允 许 偏 差
长度(mm)	1800,2400,3000	±5
宽度(mm)	900,1200	±5
厚度(mm)	4,5,6	±0.5
	8,10,12,15,20,25	±0.1*e*
厚度不均匀度(%)	……	<10

注：(1) 厚度不均匀系数指同块板厚度的极差除以公称厚度。
(2) *e* 表示板材厚度。
(3) 经供需双方直接协商，可生产其他规格尺寸的墙板。

(3) 其他罩面板

1) 纤维水泥加压板：采用木纤维、改性维尼纶纤维、矿物纤维、水泥及添加料，经抄造（铺料）成型，加压、蒸养、砂磨等工艺制成的高强度、轻质、不燃、防水、高密度、耐久、抗冻融的建筑板材。

2) 加压低收缩性硅酸钙板：采用硅质、钙质材料和木纤维、矿物纤维及添加料，经抄造（铺料）成型，加压、蒸养、高温高压蒸压，反应合成托勃莫来石、砂磨等工艺制成的新型建筑板材，经加压后的板材材性稳定，具有耐久性、耐水性、抗冻融性、防火性。

3) 纤维石膏板：采用木纤维、石膏为主要原料，经抄造（铺料）成型，蒸养、砂磨等工艺制成的建筑板材。

4) 粉石英硅酸钙板：是以天然粉石英（有棱角状的二氧化硅为主，辅以钙质材料、植物纤维材料，按一定硅钙比优化工艺配方，经高温高压蒸养处理，生成托贝莫来石晶体和游离二氧化硅晶体。粉石英硅酸钙板耐潮、防水、防冻、防火、高强、保温、阻燃、隔声、隔热，且具有耐腐蚀、不裂变等特点，表面亲和力良好，可锯、可钻、可钉、可刨，施工方便，有利于实现干作业。

纤维水泥加压板、加压低收缩性硅酸钙板、纤维石膏板的规格和主要物理力学性能指标分别见表 3-22 和表 3-23。

纤维水泥加压板、加压低收缩性硅酸钙板、纤维石膏板的规格　　表 3-22

产品名称		规格(mm) 长×宽×厚	参考重量(kg/m^2)				
			6厚	8厚	10厚	12厚	15厚
加压低收缩性硅酸钙板(LCFC)		(2440～2980)×1220×(4～15)	7.2	9.6	12	14.4	18
无石棉硅酸钙板(NALC)	低密度(LD)	(2440～2980)×1220×(4～15)	5	6.6	8.2	10	12.4
	中密度(MD)	(2440～2980)×1220×(4～15)	6	8	10	12	15
	高密度(HD)	(2440～2980)×1220×(4～15)	9	12	15	18	22.5
无石棉纤维水泥加压板(NAFC)		(2440～2980)×1220×(4～15)	10.2	13.6	17	20.4	25.5
纤维水泥加压板(FC)		(2440～2980)×1220×(4～15)	9.9	13.2	16.5	19.8	24.7
纤维石膏板(FFG)		(2440～2980)×1220×(4～15)	6.9	9.2	11.5	13.8	17.2

纤维水泥加压板、加压低收缩性硅酸钙板、纤维石膏板的主要物理力学性能指标　　表 3-23

产品名称		密度(g/cm^3)	抗折强度 (纵横)(MPa)	抗冲击强度 (≥kJ/m^2)	湿胀率 (≤%)	含水率 (≤%)
加压低收缩性硅酸钙板(LCFC)		1.1～1.3	≥13	2	0.08	10
无石棉硅酸钙板(NALC)	低密度(LD)	0.7～0.9	≥9	—	10	10
	中密度(MD)	0.9～1.2	≥10	—	10	10
	高密度(HD)	1.4～1.6	≥16	—	10	10
无石棉纤维水泥加压板(NAFC)		1.5～1.9	≥13	2.5	—	—
纤维水泥加压板(FC)		1.6～1.7	≥17	2	—	—
纤维石膏板(FFG)		1.0～1.3	≥8	2	—	8

2.2 轻钢龙骨隔墙构造与施工图

2.2.1 隔墙立面和条板连接

内隔墙立面，见图 3-5。

面板接缝处理，见图 3-6、图 3-7。

内隔墙条板连接构造节点，见图 3-8。

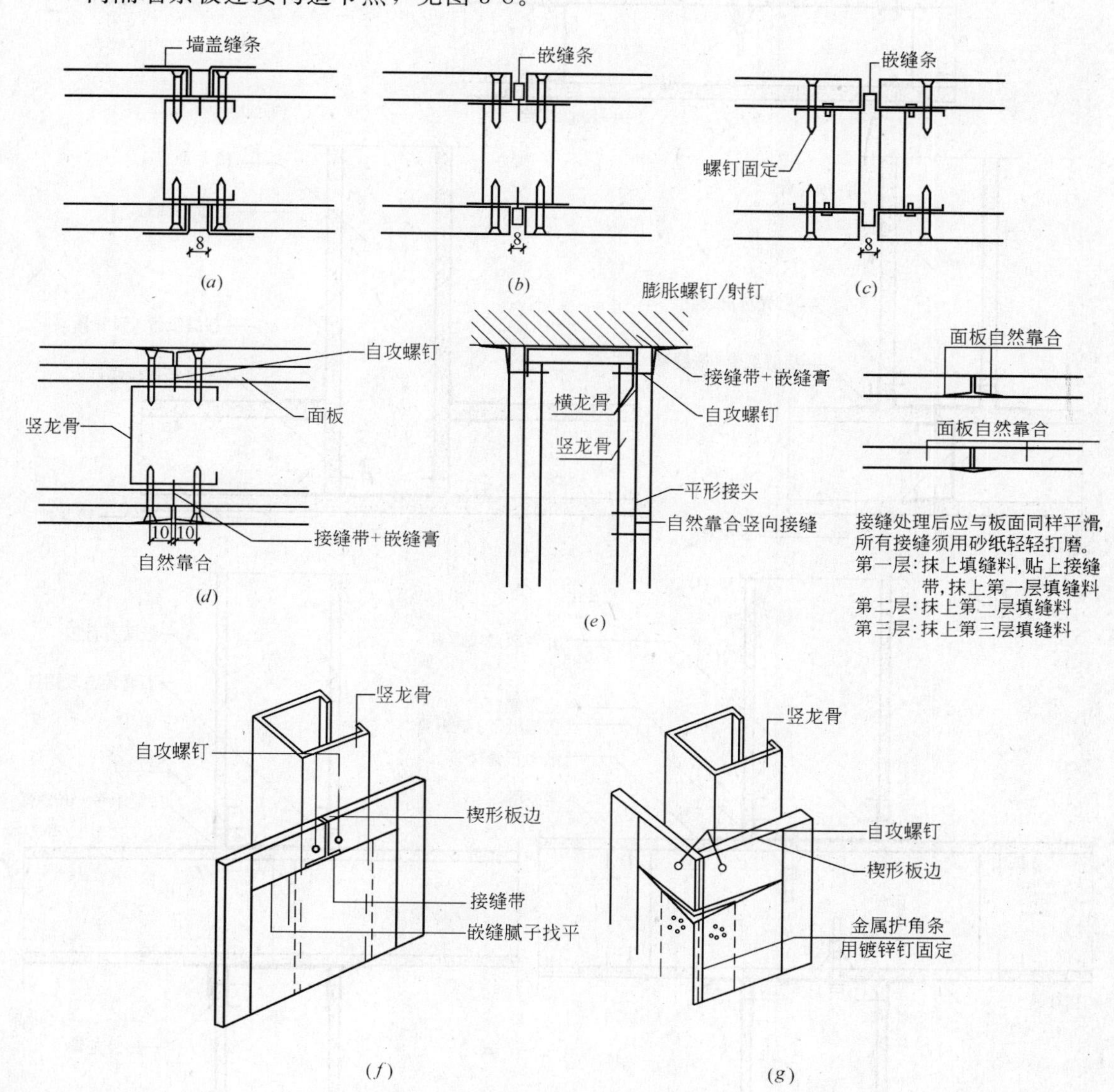

说明：

1. 龙骨断面宽：一般为 50、75、100、150。
2. 龙骨两侧面板拼缝应错开。
3. 横龙骨/平形接头/薄钢带应用于板缝防火处理和板缝拼接。

图 3-7　面板接缝处理（二）（单位：mm）

（*a*）压条接缝；（*b*）嵌缝条接缝；（*c*）控制缝接缝；（*d*）面板水平接缝；（*e*）面板竖向接缝；（*f*）墙面暗接缝；（*g*）阳角接缝

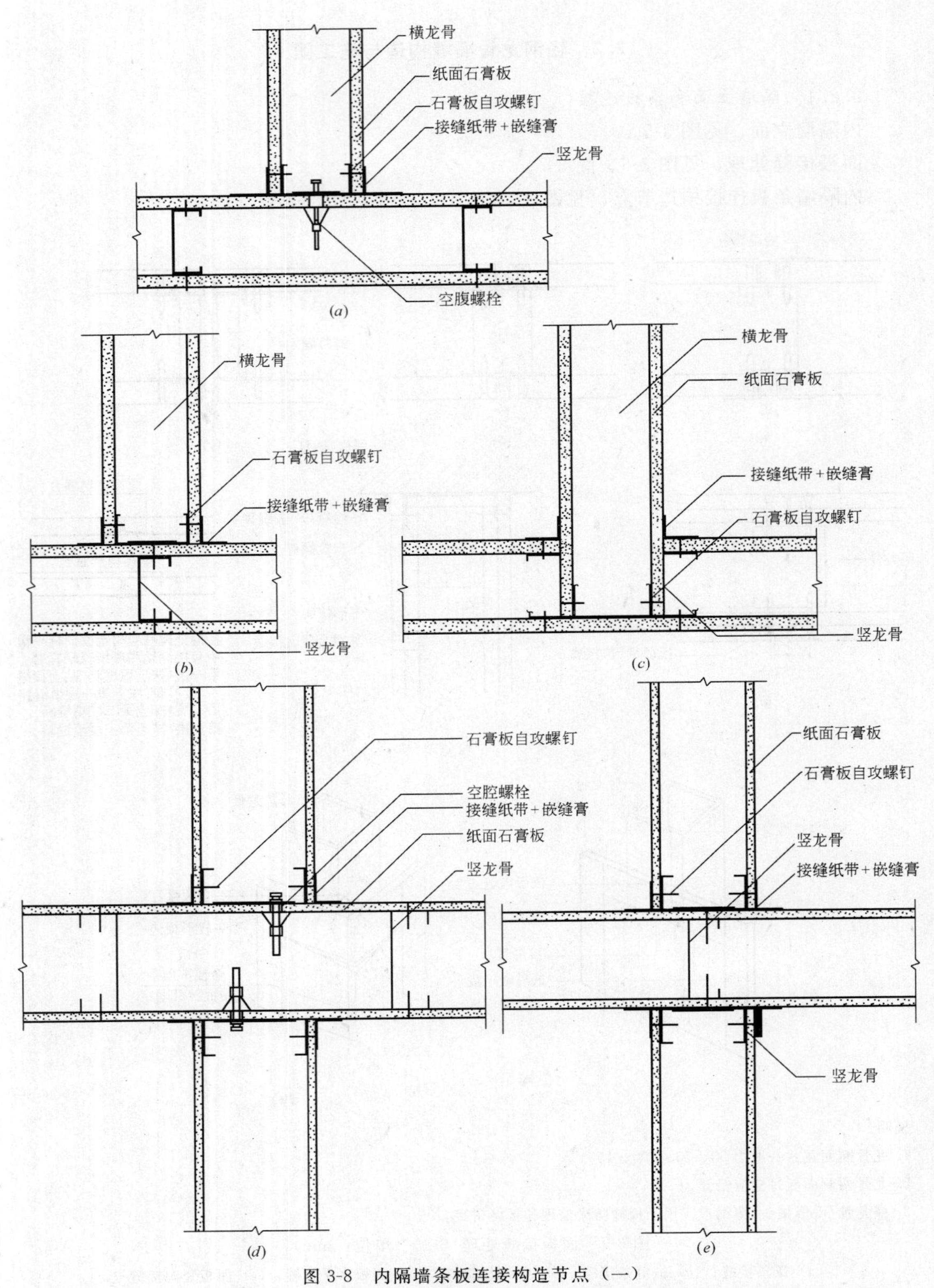

图 3-8 内隔墙条板连接构造节点（一）

(*a*)、(*b*)、(*c*) 石膏板隔墙 T 字形连接；(*d*)、(*e*) 石膏板隔墙间十字形连接

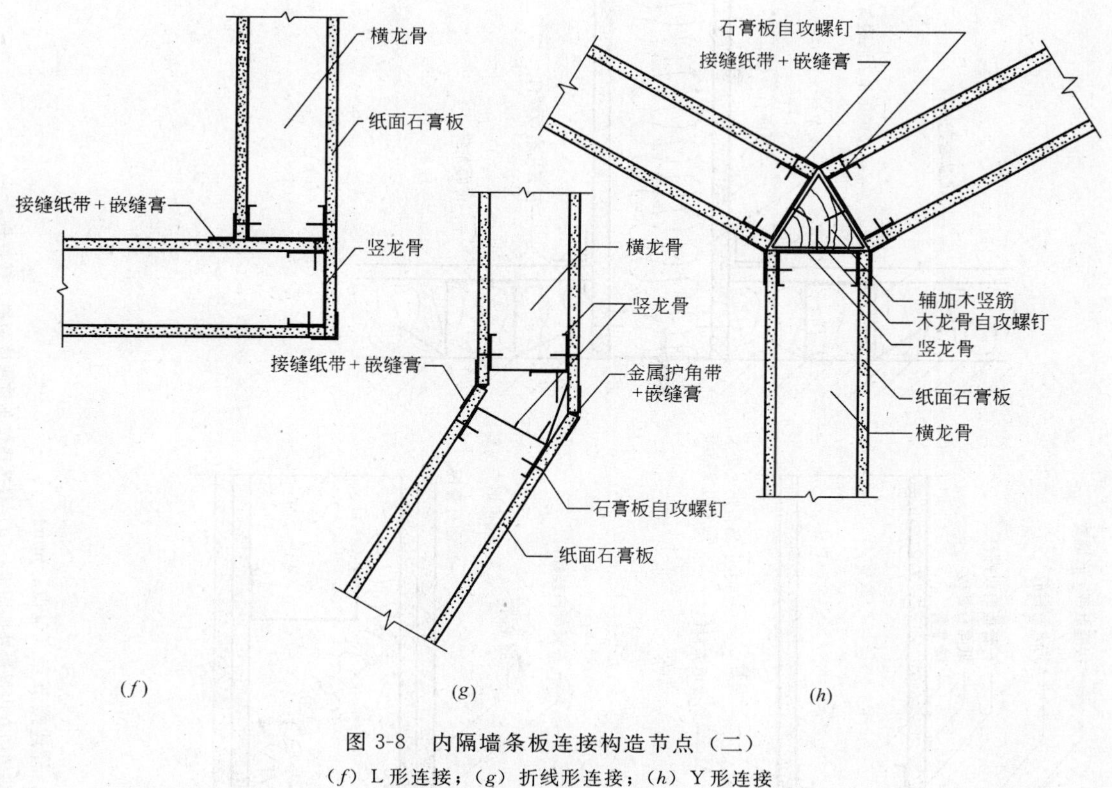

图 3-8　内隔墙条板连接构造节点（二）

（f）L 形连接；（g）折线形连接；（h）Y 形连接

2.2.2　条板与主体结构、门窗的连接构造

内隔墙与墙、柱连接节点，见图 3-9。

内隔墙与梁、板连接节点，见图 3-10。

内隔墙与地面连接节点，见图 3-11。

内隔墙与吊顶连接节点，见图 3-12。

内隔墙与门窗框龙骨加强构造，见图 3-13。

内隔墙与门框的连接与收头节点，见图 3-14。

2.3　轻钢龙骨隔墙施工工艺

2.3.1　施工准备

（1）在熟悉龙骨和罩面板的基础上，依据施工方案编制轻钢龙骨隔墙排列图（图 3-5），为材料运输、进场、堆放和搬运作好准备，以保证合理施工，科学管理。

（2）材料准备

轻钢龙骨隔墙在施工时，由于装配化程度高，施工速度快，对成品和产品的质量要求高。因此对所有进场的材料和产品必须检查，验收合格后方可使用。以下为轻钢龙骨隔墙材料和产品的基本要求：

1）安装前应核对材料品种、规格、数量；

2）罩面板应干燥、平整，面纸应完整无损、面纸起鼓等均不得使用；

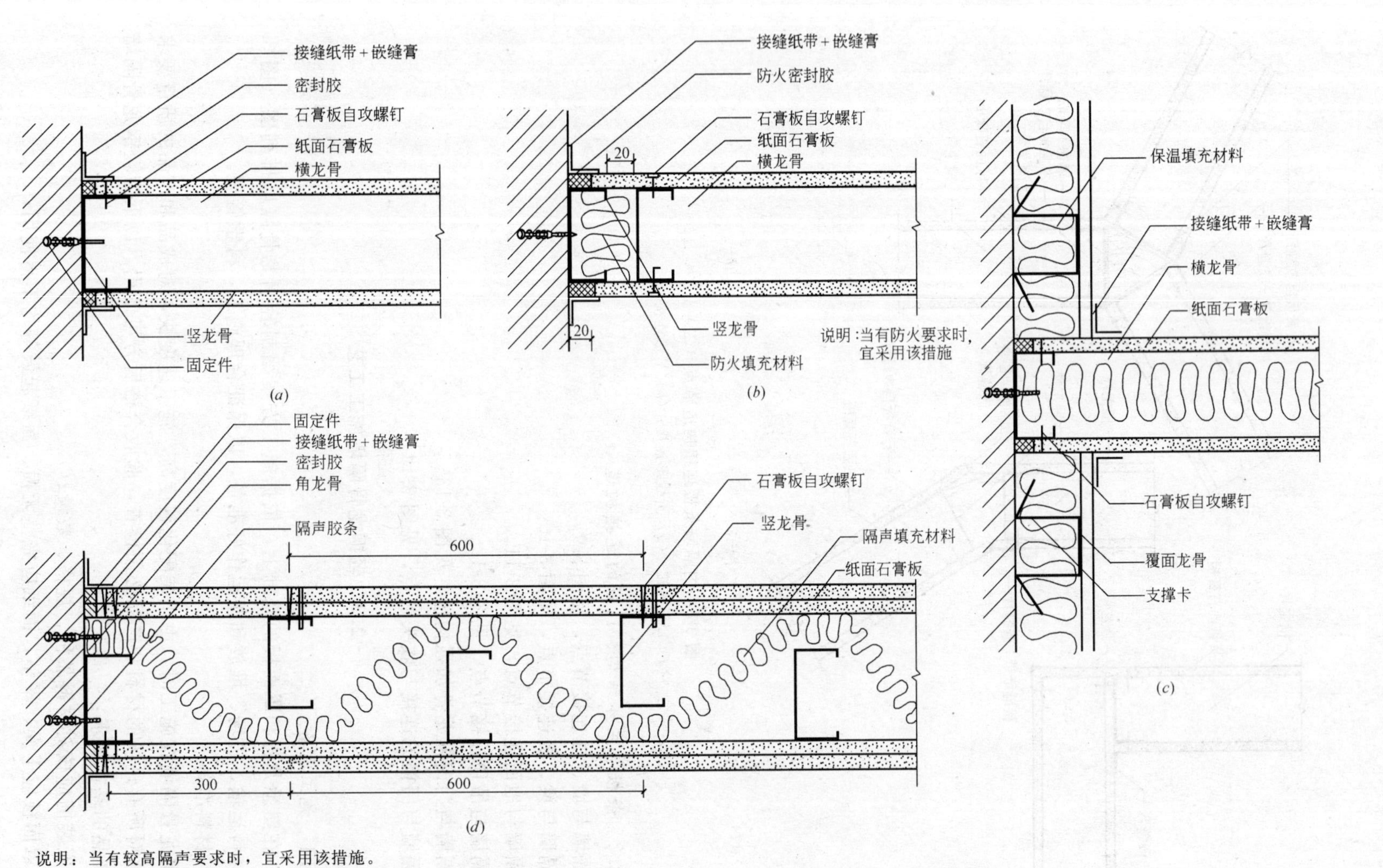

说明：当有较高隔声要求时，宜采用该措施。
隔声填充材料需经计算。

图 3-9　内隔墙与墙、柱连接节点（单位：mm）

(a)、(b) 单层石膏板内隔墙与墙、柱连接；(c) 石膏板隔墙同有内保温外墙固定；(d) 双排错位龙骨隔墙与墙、柱连接

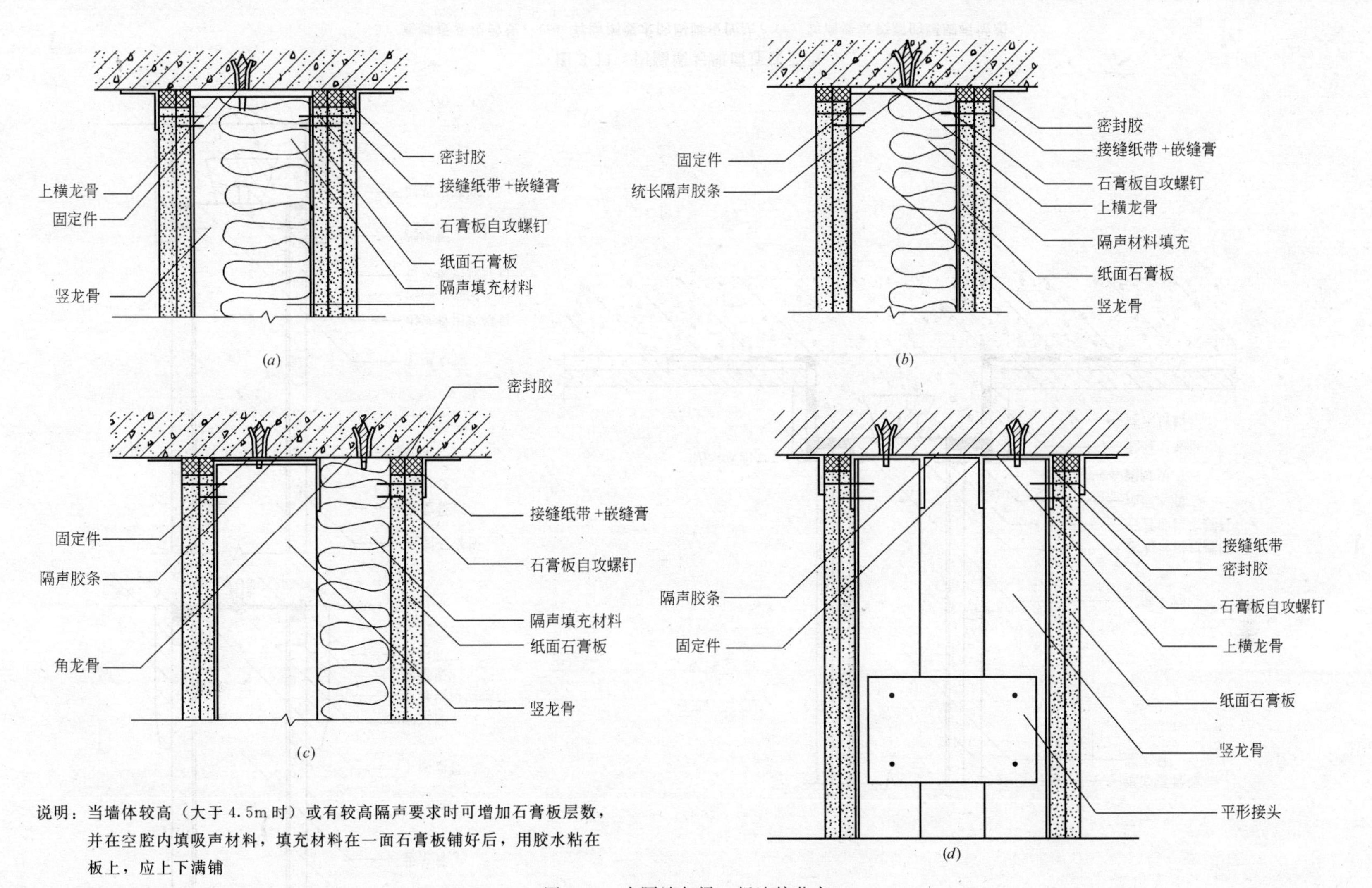

说明：当墙体较高（大于 4.5m 时）或有较高隔声要求时可增加石膏板层数，并在空腔内填吸声材料，填充材料在一面石膏板铺好后，用胶水粘在板上，应上下满铺

图 3-10 内隔墙与梁、板连接节点

(a)、(b) 单排龙骨内隔墙与梁、板连接；(c) 双排龙骨错位排列与梁、板连接；(d) 双排龙骨对应排列与梁板连接

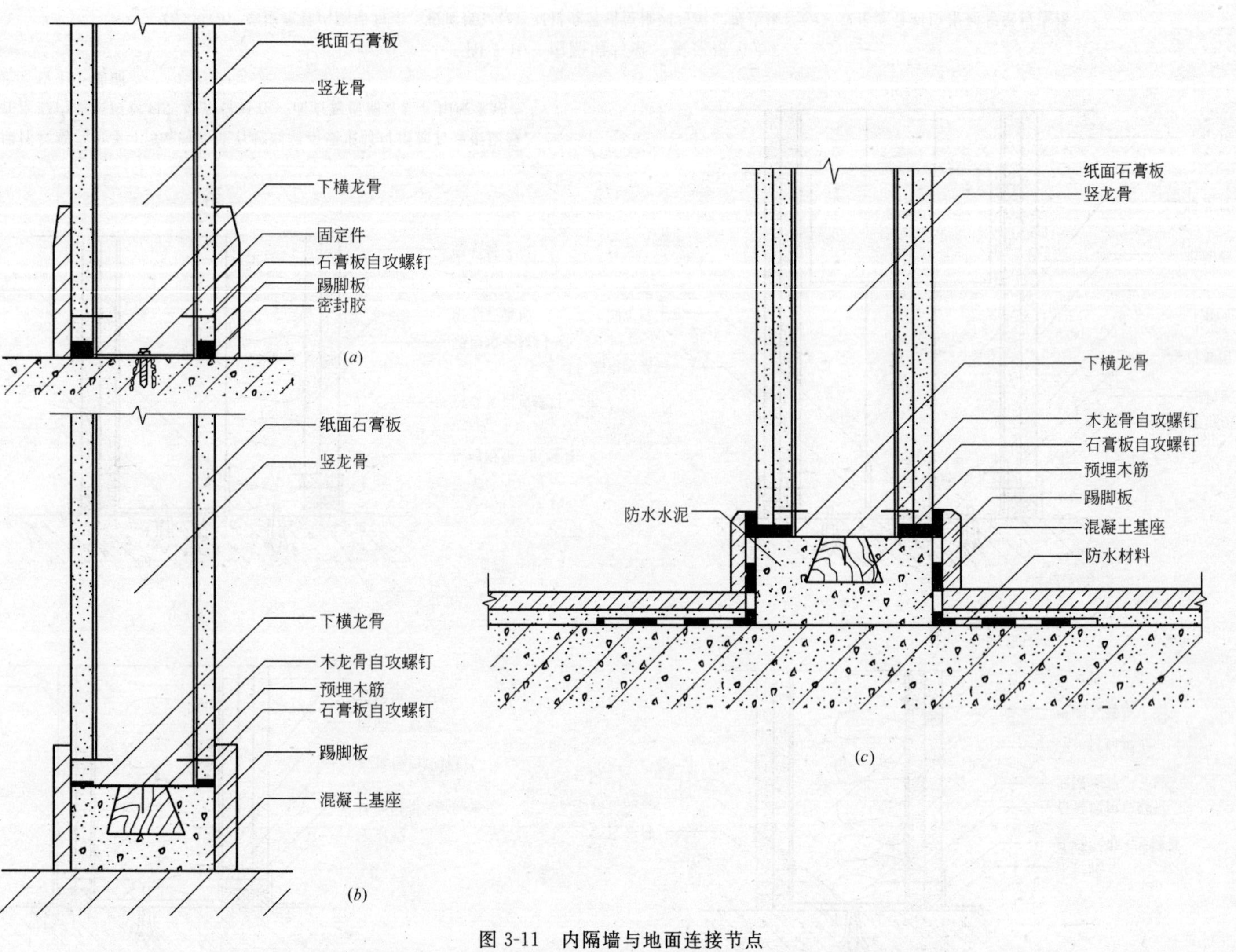

图 3-11　内隔墙与地面连接节点

(*a*) 踢脚板常规做法；(*b*) 有防潮要求的踢脚板做法；(*c*) 防潮要求较高的踢脚板做法

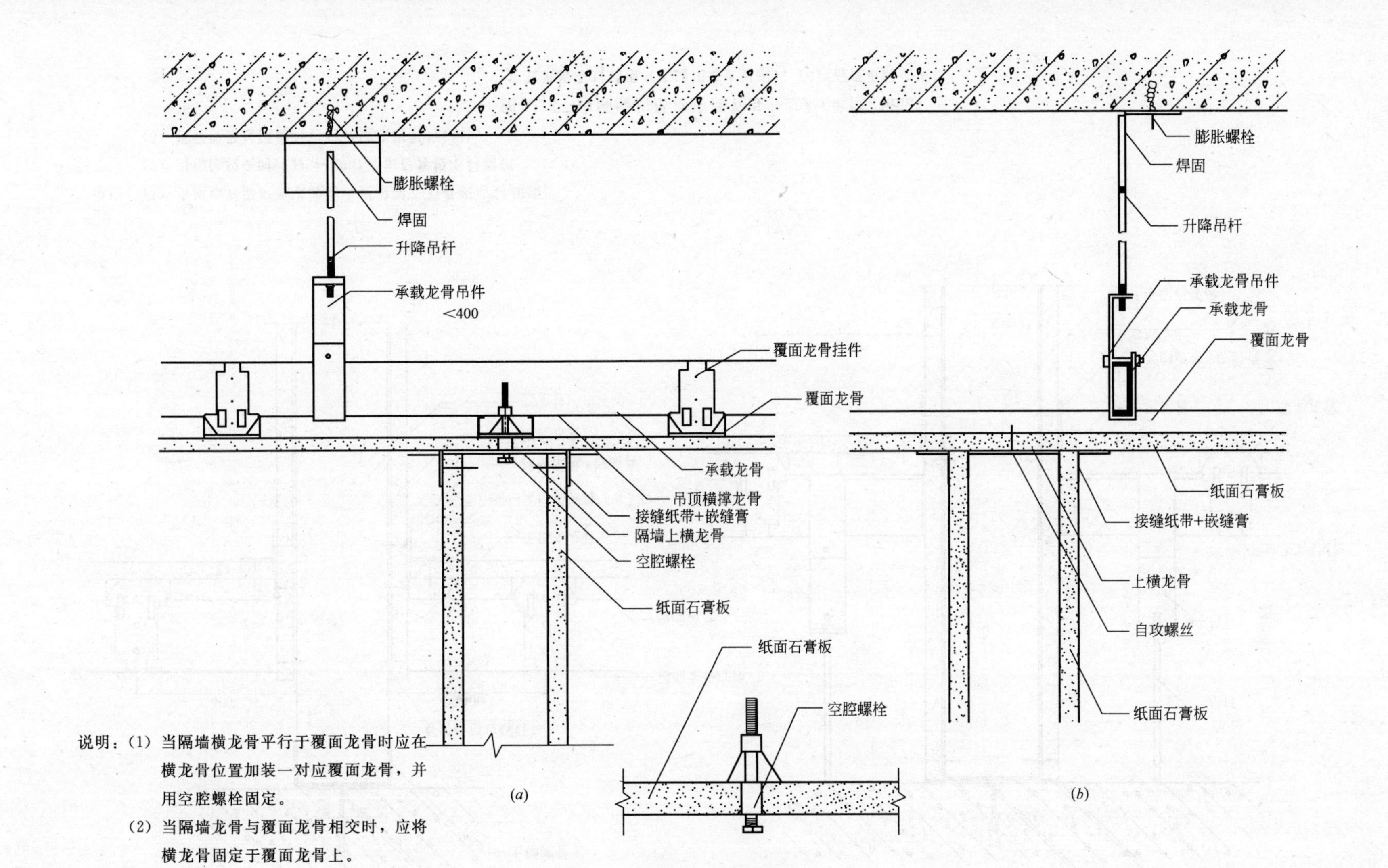

说明：(1) 当隔墙横龙骨平行于覆面龙骨时应在横龙骨位置加装一对应覆面龙骨，并用空腔螺栓固定。

(2) 当隔墙龙骨与覆面龙骨相交时，应将横龙骨固定于覆面龙骨上。

图 3-12　内隔墙与吊顶连接节点（一）

(*a*) 隔墙龙骨平行于覆面龙骨；(*b*) 隔墙横龙骨与覆面龙骨相交（不适用有防火要求的隔墙）

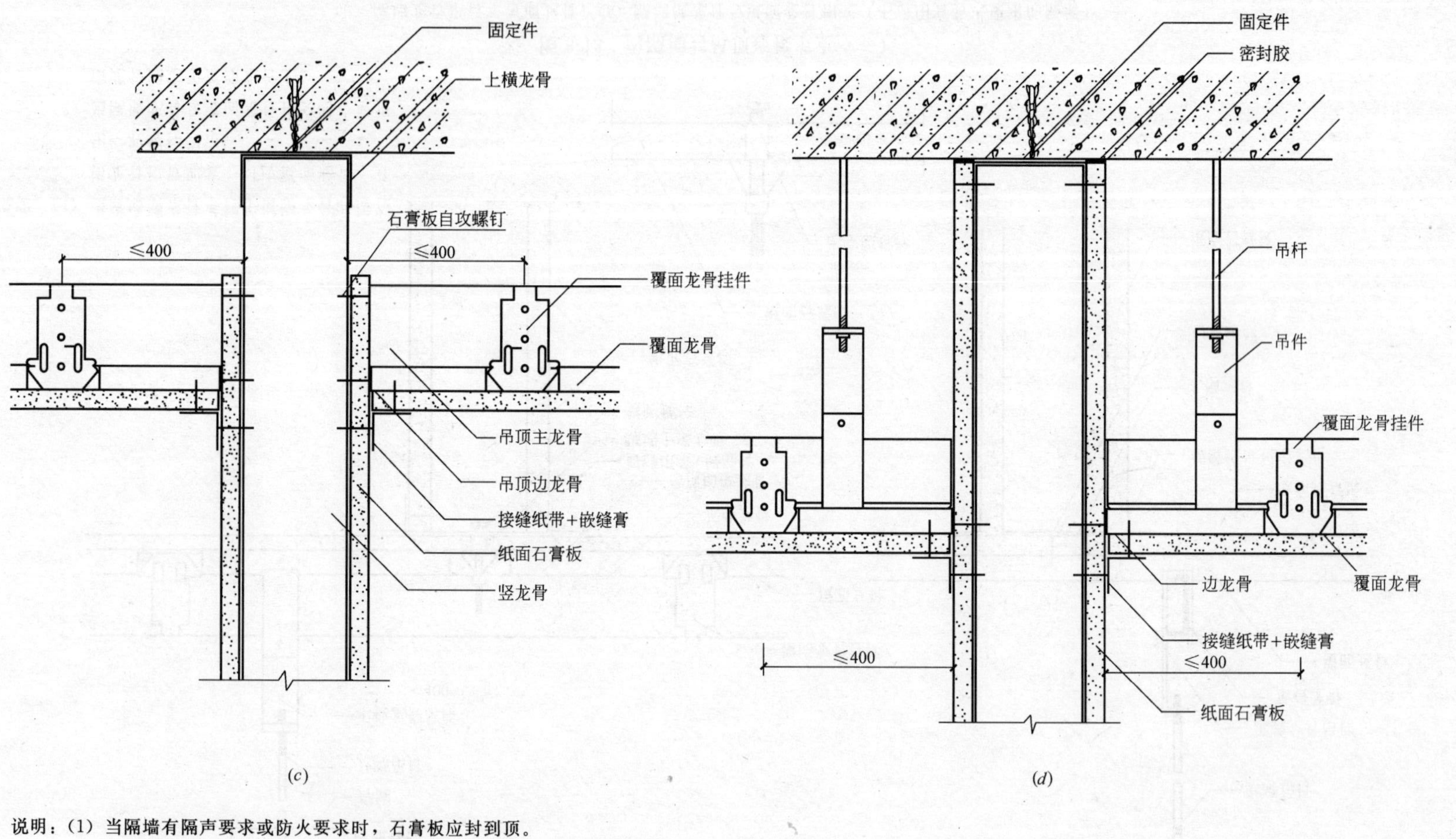

说明：(1) 当隔墙有隔声要求或防火要求时，石膏板应封到顶。

(2) 当墙体较高时（$H>4500$），如石膏板不封到顶。

(3) 当管线穿过隔墙时，防火做法应另行设计。

图 3-12　内隔墙与吊顶连接节点（二）（单位：mm）

(*c*) 石膏板不封到顶（不适用防火要求）；(*d*) 石膏板封到顶

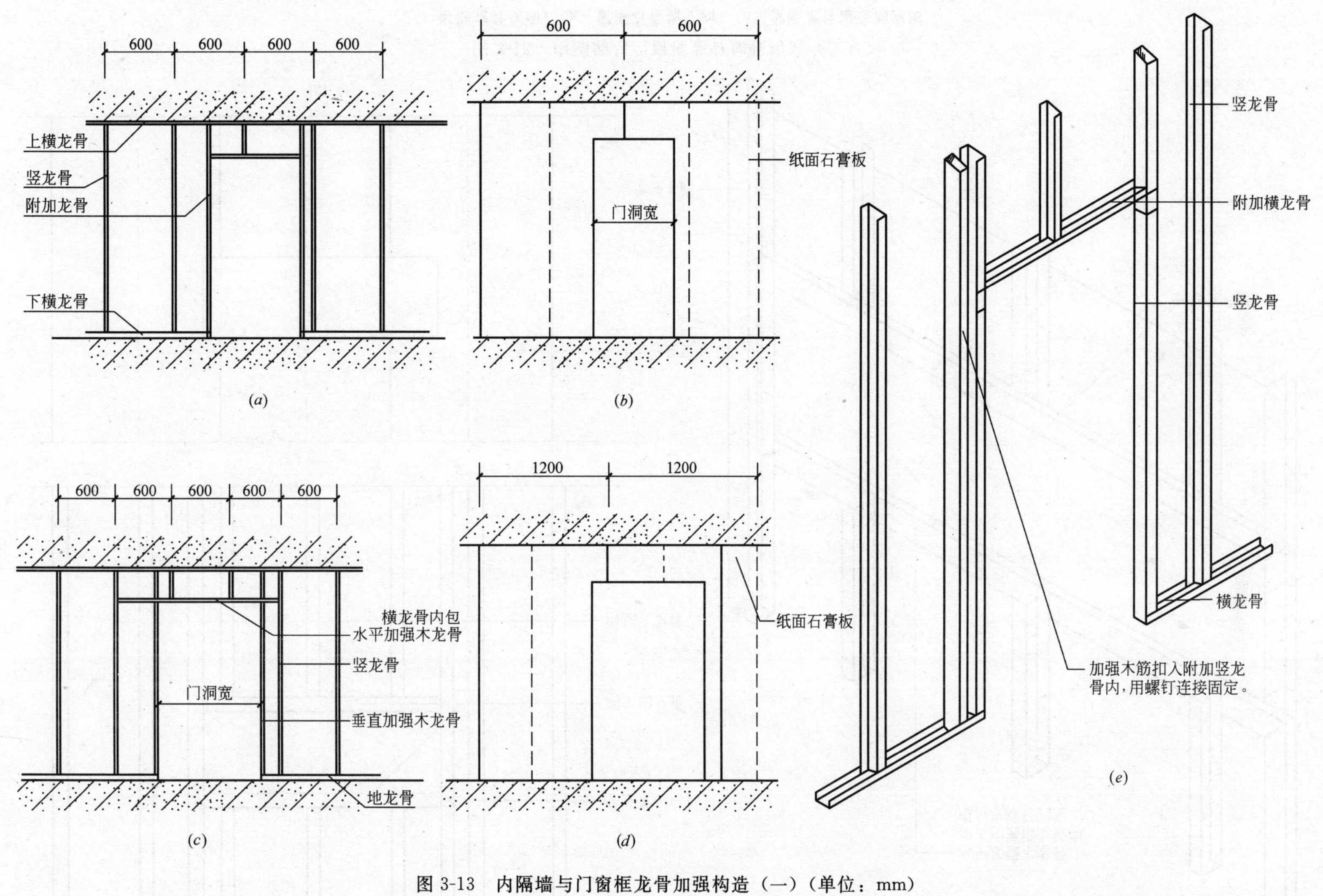

图 3-13 内隔墙与门窗框龙骨加强构造（一）（单位：mm）

(a) 门框龙骨立面；(b) 门框石膏立面；(c)（加宽）门框龙骨立面；(d)（加宽）门框石膏板立面；(e) 门框附加龙骨构造轴测图

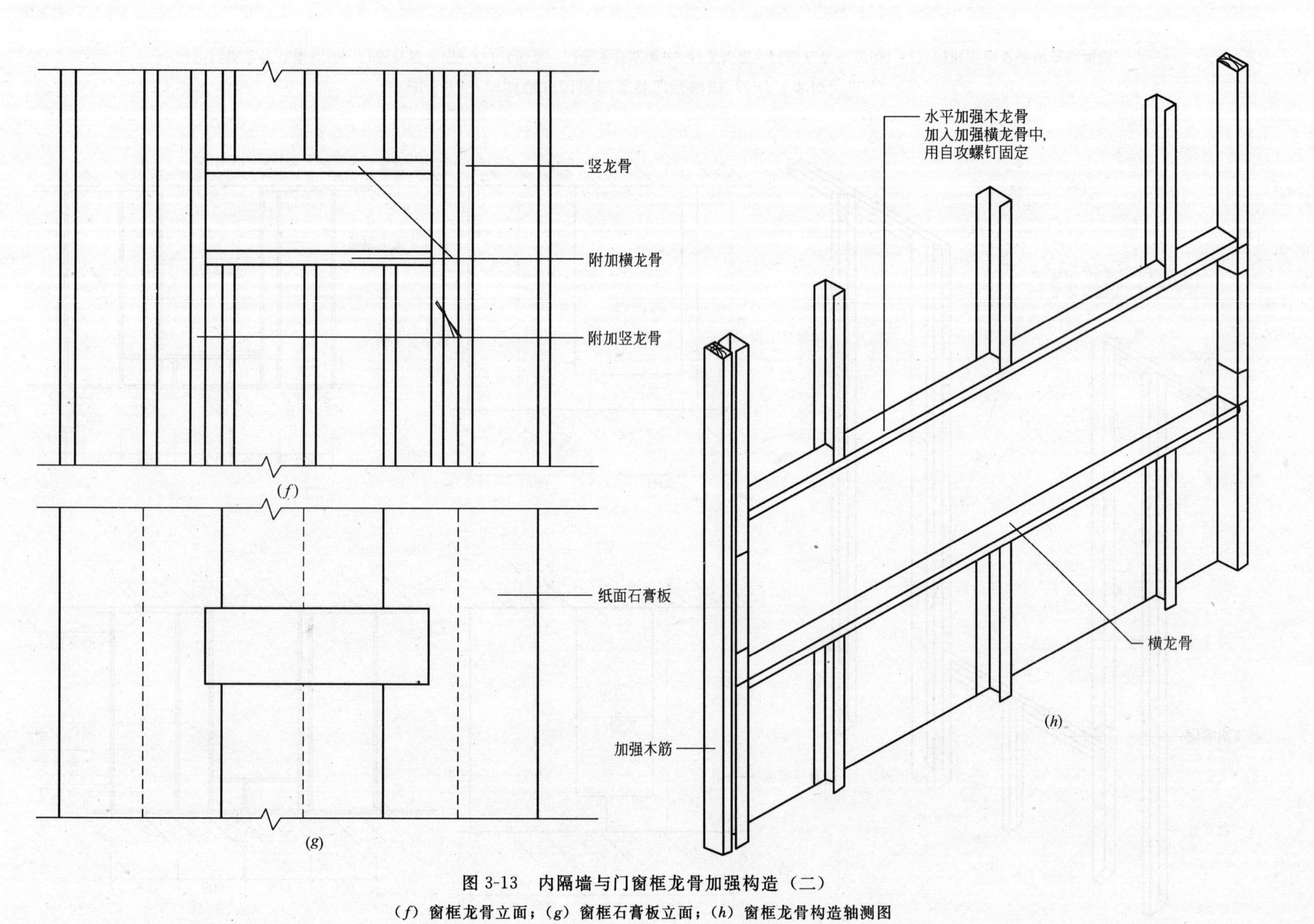

图 3-13　内隔墙与门窗框龙骨加强构造（二）

（f）窗框龙骨立面；（g）窗框石膏板立面；（h）窗框龙骨构造轴测图

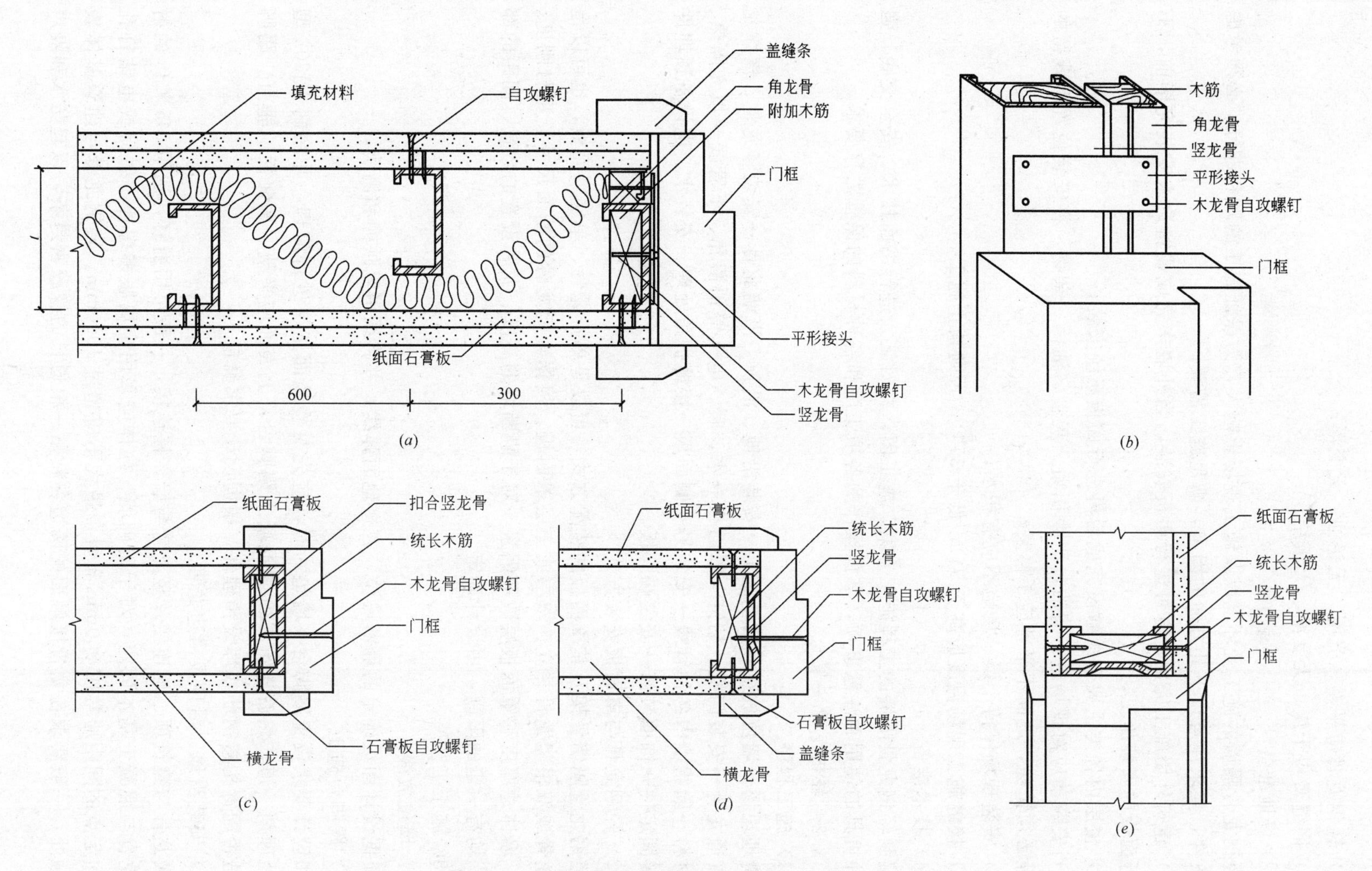

图 3-14　内隔墙与门框的连结与收头节点（单位：mm）

（*a*）双排错位龙骨隔墙门洞；（*b*）门框龙骨示意图；（*c*）宽门洞门框做法；（*d*）、（*e*）标准门洞做法

3）轻钢龙骨应平整、光滑、无锈蚀、无变形；

4）嵌缝膏应干燥、无受潮、无板结。

（3）场地准备

轻钢龙骨隔墙的施工受环境以及施工现场影响大，为保证施工的顺利进行，必须考虑现场条件，要求注意以下几方面的因素，满足施工需要。

1）建筑外墙施工完成后方可进行面板安装，当外墙未完成或窗户未安装完毕前，不宜进行面板的安装施工；

2）楼层内各类主要管线敷设完成后再进行面板系统安装；

3）安装前应对现场进行清洁，清除积垢、灰尘、油污、杂物，在安装位置上残留的水泥等必须铲除，地面不平整应予修复；

4）安装现场保持干燥、场地不应有积水；

5）接缝施工现场温度应高于5℃，低于35℃，否则禁止施工。

（4）技术准备

编制轻钢龙骨隔墙的工程施工方案、施工图，并对工人进行书面技术、安全交底。强调各种机具的使用和注意事项，掌握操作的各项工序和各种材料的保管贮存要求。

2.3.2 轻钢龙骨安装

（1）施工程序

清理现场→墙位放线→墙基施工→安装沿地、沿顶、沿墙龙骨→安装竖龙骨、横撑龙骨或贯通龙骨→安装门框→粘钉→罩面板→水、暖、电气等预留孔、下管线→填充隔热、隔声材料→验收墙内各种管线→安装另一侧面板→接缝护角处理→安装水、电设备预埋件的连接固定件→饰面装修→安装踢脚板。

（2）轻钢龙骨与罩面板安装方式

轻钢龙骨隔墙骨架及其罩面板的装配方式，可以是单排龙骨、单层罩面板，也可以是双排龙骨或双根竖龙骨并立、双层或三层罩面板。根据轻钢龙骨的断面尺寸、型材刚度、隔断、墙体总厚度和罩面板层数等因素，对于隔断墙的高度、龙骨设置的数量、间距的部位等，均有一定的限制，由设计确定。

（3）施工工艺

1）墙位放线

根据设计图纸确定的隔断墙位，在楼地面弹线，并将线引至顶棚和侧墙。

2）踢脚台施工

如设计要求设置踢脚台（墙垫）时，应先对楼地面基层进行清理，并涂刷YJ302型界面处理剂一道。然后浇筑C20素混凝土踢脚台，上表面应平整，两侧面应垂直。踢脚台内是否配置构造钢筋或埋设预埋件，根据设计要求确定。

3）安装沿地、沿顶及沿边龙骨

横龙骨与建筑顶、地连接及竖龙骨与墙、柱连接，一般可用射钉，选用M5×35的射钉将龙骨与混凝土基本固定，对于砖砌墙、柱体应采用金属胀铆螺栓。射钉或电钻打孔时，固定点的间距通常按900mm布置，最大不应超过1000mm。轻钢龙骨与建筑基体表面接触处，一般要求在龙骨接触面的两边各粘贴一根通长的橡胶密封条，以起防水和隔声作用。

4）安装竖龙骨

竖龙骨按设计确定的间距就位，通常是根据罩面板的宽度尺寸而定。对于罩面板材较宽者，需在其中间加设一根竖龙骨，竖龙骨中距最大不应超过600mm。对于隔断墙的罩面层重量较大时（如贴瓷砖）的竖龙骨中距，应以不大于420mm为宜，当隔断墙体的高度较大时，其竖龙骨布置也应加密。

竖龙骨安装时应由隔断墙的一端开始排列，设有门窗者要从门窗洞口开始分别向两侧展开。当最后一根竖龙骨距离沿墙（柱）龙骨的尺寸大于设计规定的龙骨中距时，必须增设一根竖龙骨。将预先截好长度的竖龙骨推向沿顶、沿地龙骨之间，翼缘朝罩面板方向就位。龙骨的上、下端如为刚性连接，均用自攻螺钉或抽心铆钉与横龙骨固定。应注意当采用有冲孔的竖龙骨时，其上下方向不能颠倒，竖龙骨现场截断时一律从其上端切割，并应保证各条龙骨的贯通孔高度必须在同一水平。

门窗洞口处的竖龙骨安装应依照设计要求，采用双根并用或是扣盒子加强龙骨。如果门的尺度大且门扇较重时，应在门框外的上下左右增设斜撑。

5）安装通贯龙骨

通贯横撑龙骨的设置，一种是低于3m的隔断墙安装1道；3～5m高度的隔断墙安装2～3道。通贯龙骨横穿各条竖龙骨上的贯通冲孔，需要接长时使用其配套的连接件。在竖龙骨开口面安装卡托或支撑卡与通贯横撑龙骨连接锁紧，根据需要在竖龙骨开口面，卡距为400～600mm，距龙骨两端的距离为20～25mm。

6）安装横撑龙骨

隔断墙轻钢骨架的横向支撑，除采用通贯龙骨外，有的需设其他横撑龙骨。一般是在隔墙骨架超过3m高度加强，或者是罩面板的水平方向板端（接缝）并非落在沿顶沿地龙骨上时，应设横向龙骨对骨架加强，或予以固定板缝。具体做法是，可选用U形横龙骨或C形竖龙骨横向布置，利用卡托、支撑卡（竖龙骨开口面）及角托（竖龙骨背面）与竖向龙骨连接固定。有的系列产品，也可采用其配套的金属嵌缝作横竖龙骨的连接固定件。

7）罩面板安装

以纸面石膏板来说明：

(a) 纸面石膏板应从墙的一侧端头开始，顺序安装。先安装一侧纸面石膏板，待隔墙内管线、填充物等安装验收完毕后，再安装另一侧纸面石膏板。

(b) 相邻两张纸面石膏板自然靠拢（留缝应按设计要求）。

(c) 纸面石膏板边应位于C形龙骨的中央，纸面石膏板同龙骨的重叠宽度应不小于15mm。

(d) 纸面石膏板下口离地大于10mm，避免直接与地面接触。

(e) 纸面石膏板上口应同楼板、梁底顶紧，不留空隙（隔声、防火隔墙例外）。

(f) 龙骨两侧单层纸面石膏板必须错缝安装。

(g) 同侧内外两层纸面石膏板必须错缝安装。

(h) 当隔墙高度大于纸面石膏板进行竖向拼接时，两侧纸面石膏板及同侧内外两层纸面石膏板横向接缝必须错开。

(i) 门洞两侧及上部罩面板宜采用整块板材锯割成L形板安装，见图3-13（*b*）、（*d*）

所示（与图 3-13a、c 配合）。

(j) 固定纸面石膏板采用墙板自攻螺钉，应用电动螺钉旋具一次打入。

(k) 墙板自攻螺钉应陷入石膏板表面 0.5～1mm 深度为宜，不应切断面纸，暴露石膏。

(l) 墙板自攻螺钉距纸面石膏板包封边 10～15mm 为宜，距切断边 15～20mm 为宜。

(m) 板边螺钉间距 200mm 为宜，板中螺钉间距 300mm 为宜。

8) 板缝处理

以纸面石膏板为例，主要是指墙体的若干缝隙，特别是板与板之间的缝隙，板与楼面的上下接缝，阴、阳角接缝。

(a) 暗缝做法

在板与板的拼缝处，嵌专用胶液调配的石膏腻子与墙面找平，并贴上接缝纸带（5mm 宽），然后再用石膏腻子刮平。这种做法较为简单，普通工程中应用较多，注意最好选用有倒角的石膏板。

(b) 压缝做法

采用木压条、金属压条或者塑料压条嵌压在板与板的接缝处。注意选用无倒角的石膏板。缝内嵌压缝条，装饰效果比较好。

(c) 凹缝做法

又称明缝做法，用特制工具（针锉或针锯）将墙面板与板之间的立缝勾成凹缝。

(d) 平面缝的嵌缝

清理接缝后用小刮刀将嵌缝石膏腻子均匀饱满地嵌入板缝，并在接缝处刮上宽约 60mm、厚约 1mm 的腻子，随即贴上穿孔纸带，用宽为 60mm 的腻子刮刀，顺着穿孔纸带方向，将纸带内的腻子挤出穿孔纸带，并刮平、刮实，不得留有气泡。

用宽为 150mm 的刮刀将石膏腻子填满宽约 150mm 的带状的接缝部分，再用宽约 150mm 的刮刀再补一道石膏腻子，其厚度不得超过纸面石膏板面 2mm。

待腻子完全干燥后（约 12h），用 2 号纱布或砂纸打磨平滑，中部可略微凸起并向两边平滑过渡。

(e) 阴缝的嵌缝

先用嵌缝石膏腻子将角缝填满，然后在阴角两侧刮上腻子，在腻子上贴穿孔纸带，并压实。用阴角抹子再于穿孔纸带上加一层腻子，腻子干燥后处理平滑。

(f) 阳角的嵌缝

金属护角用长 12mm 的圆钉固定在纸面石膏板上，用石膏嵌缝腻子将金属护角埋入腻子中，并压平压实。

(g) 膨胀缝的嵌缝

先在膨胀缝中装填绝缘材料（纤维状或泡沫塑料的保温、隔热材料）并且要求其不超出龙骨骨架的平面，用弹性建筑密封膏填平膨胀缝。如果加装盖缝板，则可以填满并稍微凸起，然后加盖缝板盖于膨胀缝外，再用螺钉将盖缝板在膨胀缝的一边固定。

(h) 金属镶边

直接安装金属边即可。

2.4 轻钢龙骨隔墙施工质量验收标准与检验方法

2.4.1 主控项目

同木骨架隔墙。

2.4.2 一般项目

同木骨架隔墙。

2.5 轻钢龙骨隔墙施工安全技术

同木骨架隔墙。

课题3 骨架隔墙训练作业

训练1 骨架材料鉴别

（1）目的：掌握常用骨架材料品种、规格及现场质量的鉴别。

（2）要求：能鉴别常用松木龙骨的外观品种、质量缺陷等，能鉴别轻钢龙骨的规格、外观质量缺陷等。

（3）准备：常用松木龙骨不同质量等级的规格材料（部分锯切面，部分刨光面），常用轻钢龙骨不同规格不同质量等级的型材。

（4）步骤：先鉴别规格、品种，后鉴别质量缺陷。

（5）注意事项：松木树种的鉴别需要进行多次训练。轻钢龙骨型材的切割端存在的刃口应事先处理，防止伤手。

训练2 罩面板材料鉴别

（1）目的：掌握常用罩面板的品种、规格及现场质量的鉴别。

（2）要求：能鉴别常用胶合板的品种和外观质量缺陷；能鉴别纤维板的外观质量缺陷；能鉴别纸面石膏板的品种、规格和外观质量缺陷。

（3）准备：不同类别、不同规格、不同品种、不同质量等级的胶合板；不同规格、不同质量等级的纤维板；不同品种、不同规格的纸面石膏板。

（4）步骤：先鉴别罩面板的品种、规格等，后鉴别各种罩面板的质量缺陷。

（5）注意事项：胶合板品种的鉴别需要进行多次训练。木质板材鉴别中防止木刺伤手。

训练3 绘制木龙骨隔墙施工详图

（1）目的：熟悉木龙骨隔墙的节点构造及一般做法。

（2）要求：能绘制典型木龙骨隔墙的施工详图。

（3）准备：由教师选择现成的成套木龙骨隔墙施工图，或由专业教师根据训练要求自行设计绘制的成套木龙骨隔墙施工图及有参考价值的施工详图。

（4）步骤：先确定典型隔墙的种类及平、立面基本尺寸，然后绘制木龙骨及罩面板布置详图及节点详图。

(5) 注意事项：宜选择胶合板罩面并有分块效果要求的木龙骨隔墙，作为训练内容。

训练4 绘制轻钢龙骨隔墙施工详图

(1) 目的：熟悉轻钢龙骨隔墙的节点构造一般做法。

(2) 要求：能绘制典型轻钢龙骨隔墙的施工翻样图。

(3) 准备：由教师选择现成的成套轻钢龙骨隔墙施工图，或由专业教师根据训练要求自行设计绘制的成套轻钢龙骨隔墙施工图及有参考价值的施工详图。

(4) 步骤：先确定典型隔墙的种类及平、立面基本尺寸，然后绘制木龙骨及罩面板布置详图及节点详图。

(5) 注意事项：宜选择双层纸面石膏板作为罩面板的轻钢龙骨隔墙，作为训练内容。

思考题与习题

1. 什么样的隔墙成为骨架隔墙？
2. 木骨架隔墙的罩面材料常见的有哪几种？
3. 木骨架隔墙有什么特点？常用在那些隔墙中？
4. 隔墙用轻钢龙骨可分为哪几种龙骨？墙体龙骨配件有哪几种？
5. 轻钢龙骨隔墙的罩面材料有哪几种？
6. 依据施工及验收规范的内容，请说出轻钢龙骨隔墙的验收要求。

单元4　活动隔墙

知识点：材料及选用；常用构造与施工图；施工工艺与方法；成品保护；安全技术；专用施工机具；施工质量验收标准与检验方法。

教学目标：通过课程教学和技能实训，学生应能识读活动隔墙装饰施工图；能够识别活动隔墙的常用构造；能根据施工现场条件测量放样；能组织活动隔墙基层与饰面的施工作业；能掌握质量验收标准与检验方法，组织检验批的质量验收；能组织实施成品与半成品保护与劳动安全技术措施。

课题1　推拉式活动隔墙

推拉式活动隔墙使用灵活，在关闭时同其他隔墙一样能够满足限定空间、分隔空间和遮挡视线等要求。有些活动隔墙大面积或局部镶嵌玻璃，此时又具有一定的透光性，能够限定空间、隔声，而不遮挡视线。

1.1　推拉式活动隔墙材料及选用

1.1.1　墙板材料

(1) 规格品种

推拉式活动隔墙可分为：直滑式活动隔墙和折叠式活动隔墙两种。折叠式活动隔墙按照墙体的构造形式又可分为：单面硬质折叠式活动隔墙、双面硬质折叠式活动隔墙和软质折叠式活动隔墙等。常见的推拉式活动隔墙墙板材料主要有木质板、金属板、塑料板和夹心材料等。

1) 木质板

推拉式活动隔墙用木质板主要有木框镶板、木拼板、纤维板、密度板、木框夹芯胶合板、木框玻璃扇等。

2) 金属板

金属板包括镀锌铁皮、彩色镀锌钢板、铝合金板、不锈钢板等，这些金属板可制成压型板、格子板、框架平板等。

3) 其他板材

用于活动隔墙墙板材料还有塑料板、玻镁板、中纤板、三聚氰胺板、石膏板等。

4) 夹芯材料

夹芯材料是指添加在板材中间的填充材料，主要包括聚苯乙烯泡沫塑料、聚氨酯泡沫塑料、膨胀珍珠岩、矿棉、岩棉等。

以某厂家推拉式活动隔墙墙板的规格为例，推拉式活动隔墙墙板规格见表4-1。

(2) 主要性能

推拉式活动隔墙墙板规格 **表 4-1**

墙板厚度（mm）	墙板高度（mm）	墙板宽度（mm）	面板材料	重量（kg/m²）	隔声（dB）
100	12000	800～1200	密度板/薄钢板贴面	40	53/48
100/70	8000	800～1200	密度板/薄钢板贴面/石膏板	37	48/42
100/70	8000	800～1200	密度板/薄钢板贴面/石膏板	37	48/42

注：可根据用户需要定制特殊宽度，一般距地面净高 30～50mm。

推拉式活动隔墙可沿路轨任意灵活分割空间。具有强度高、耐腐蚀性强、气密性好、防火、防潮、隔声、绿色环保无污染等特点。适用会议厅、宴厅、多功能厅等场所。

1.1.2 主要配件

（1）轨道

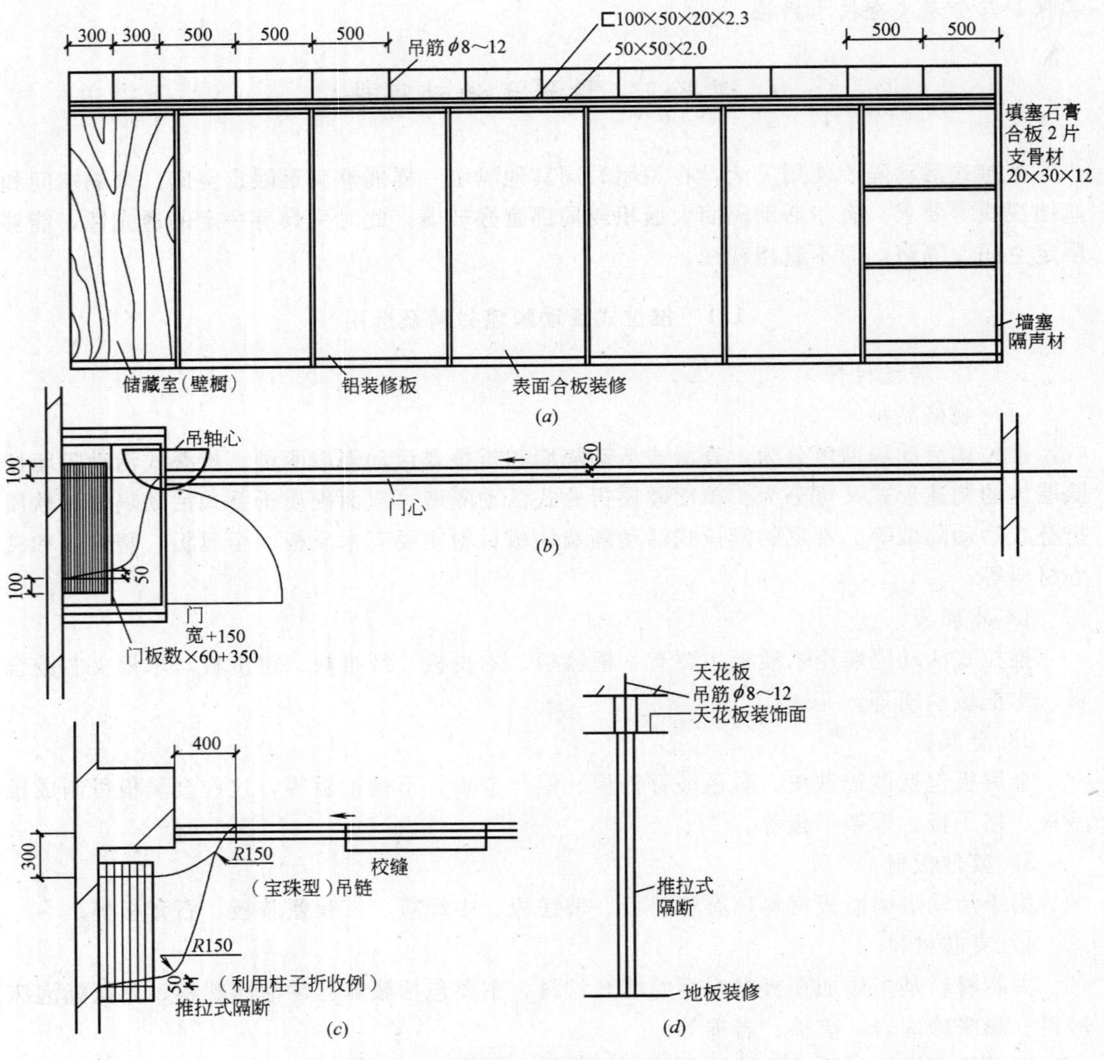

图 4-1 推拉式折叠木隔墙（一）（单位：mm）

（a）立面图；（b）平面图；（c）推拉式隔墙详图；（d）剖面图

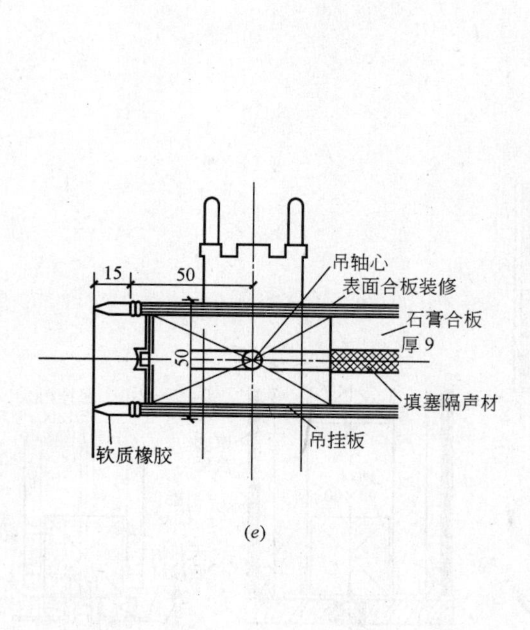

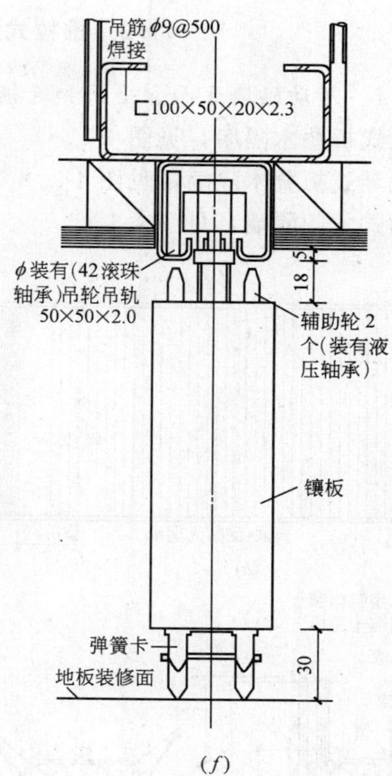

图 4-1　推拉式折叠木隔墙（二）（单位：mm）
（e）端部详图；（f）断面详图

轨道一般由铝合金或钢制成。有安装在顶部或地面两种方式，分别称为悬吊导向式、支撑导向式。一般悬吊导向式较常见。其断面一般为U字形，与滑轮配套使用。轨道及滑轮能承受的每片隔板的荷载约100～1400kg。

（2）滑轮

滑轮一般采用聚四氧材料或不锈钢制成。安装在顶部轨道内的滑轮又叫吊轮。吊轮由两个轮子组成，配有加固钢环。在轨道上运行时，两个轮子转动（而不是滑动），运行平稳，顺畅。每片隔墙板配有两个吊轮，吊轮上装有精密的轴承，可以在90°、180°、360°或其他确定的角度的轨道上平稳、顺畅地转弯而无须用任何装置。

（3）密封胶条

密封胶条一般安装在墙板与墙板之间、墙板与墙面之间及墙板与地面之间起密封作用，从而起到良好的密封隔声效果。密封胶条一般由橡胶制成，具有良好的伸缩性能。密封胶条的选用一般根据缝隙的大小选择外径为25～100mm的各种型号。

（4）毛刺封条

毛刺封条安装在墙板与上、下轨道之间，起密封、防尘、隔声的作用。

（5）拉手

拉手一般有明装拉手和嵌入式拉手两种，主要用来开启或推拉墙板。拉手的样式和规格较多，一般根据隔墙的高度和款式等进行选配使用。

1.2 推拉式活动隔墙构造与施工图

1.2.1 活动隔墙立面、平面和连接构造

推拉式折叠木隔墙，见图 4-1。

手风琴式折叠木隔墙，见图 4-2。

移动式木门隔墙，见图 4-3。

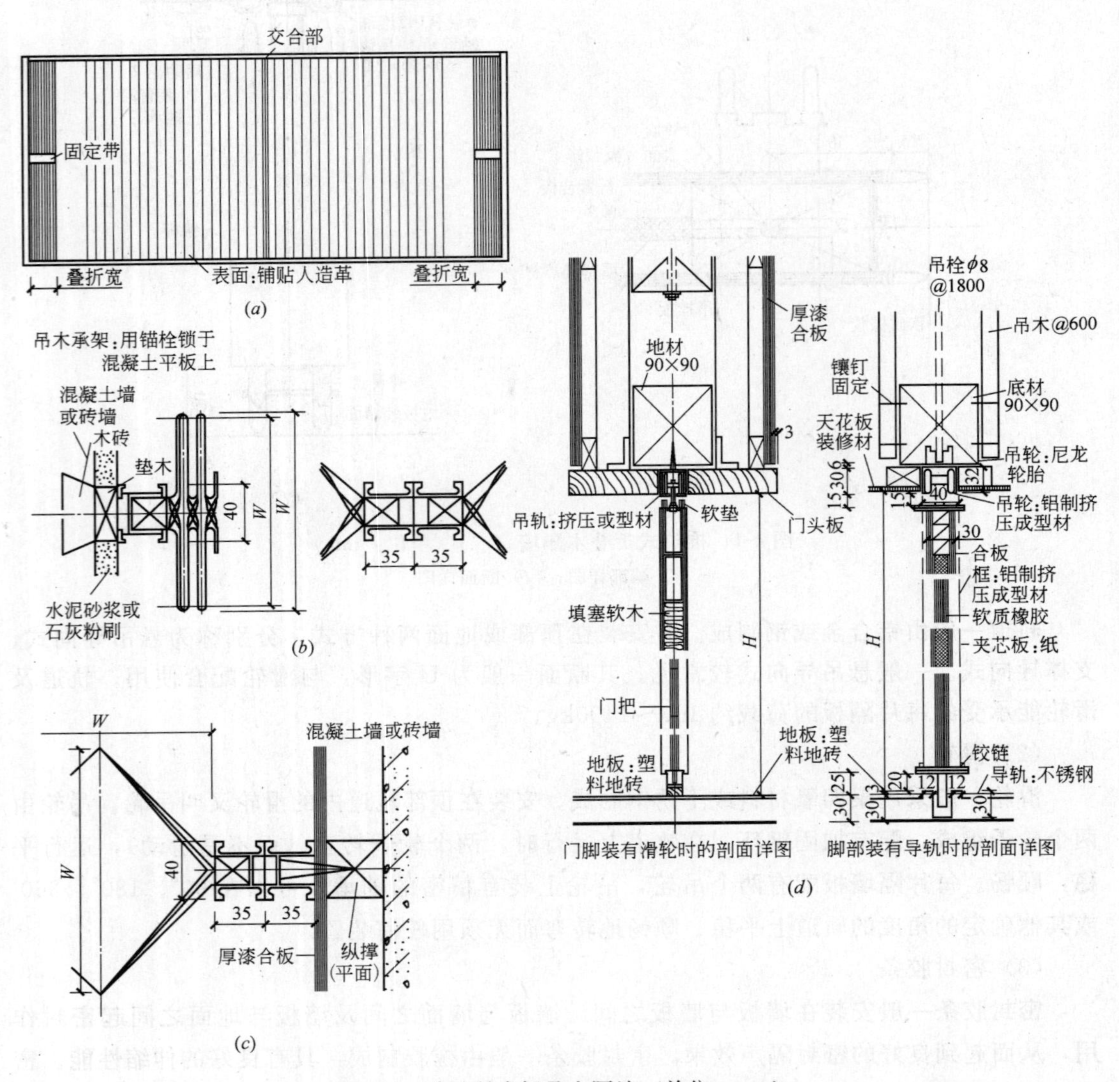

图 4-2 手风琴式折叠木隔墙（单位：mm）

(*a*) 立面图；(*b*) 粉刷墙的装修法（平面）；(*c*) 贴板墙壁的装置法；(*d*) 手风琴式门的装置

1.2.2 与主体结构的连接构造

活动隔墙与顶、上部轨道、下部轨道连接节点，见图 4-4。

推拉式活动隔墙折叠形式图，见图 4-5。

悬吊导向式移动隔墙构造方式，见图 4-6。

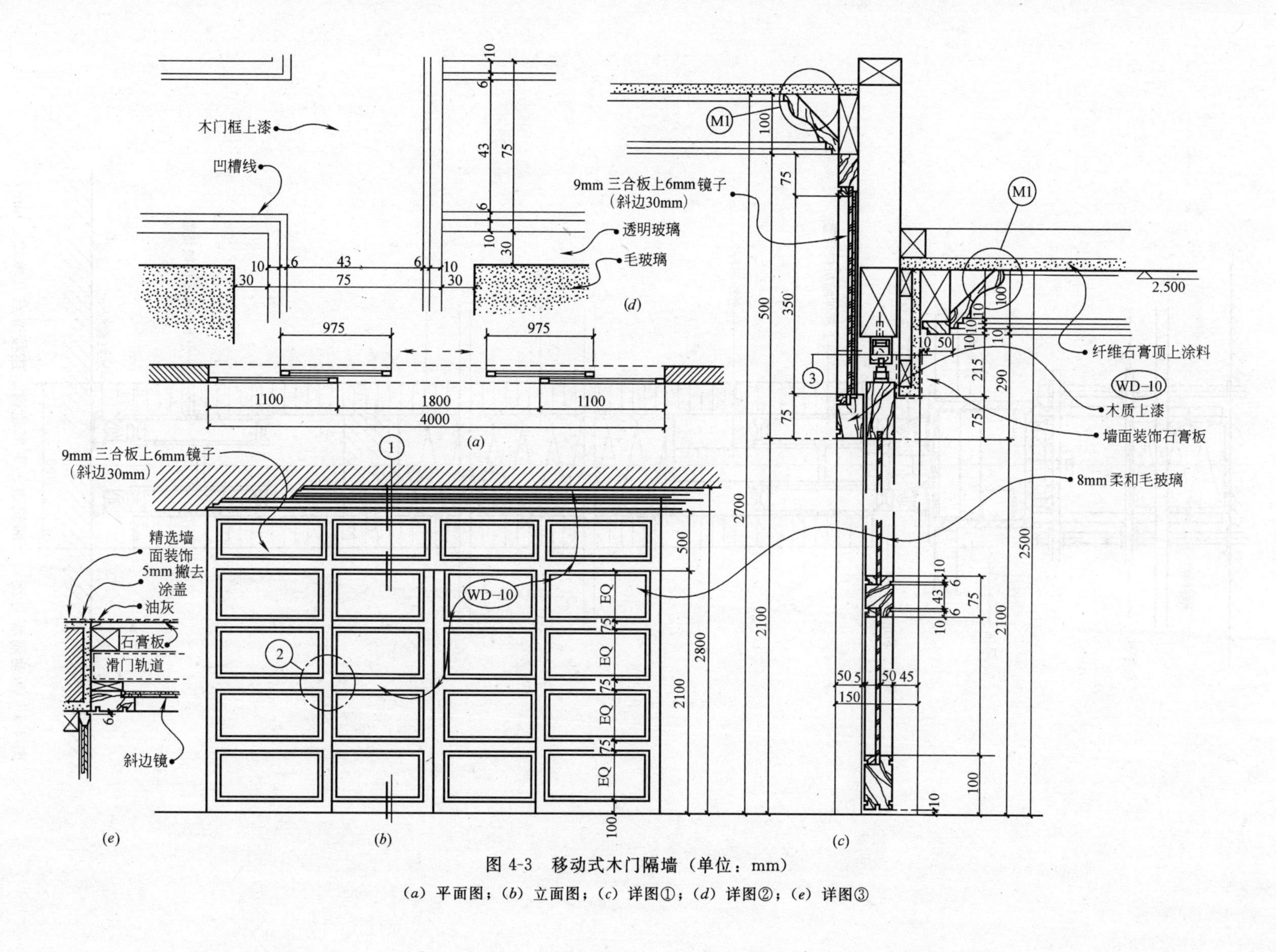

图 4-3　移动式木门隔墙（单位：mm）

（a）平面图；（b）立面图；（c）详图①；（d）详图②；（e）详图③

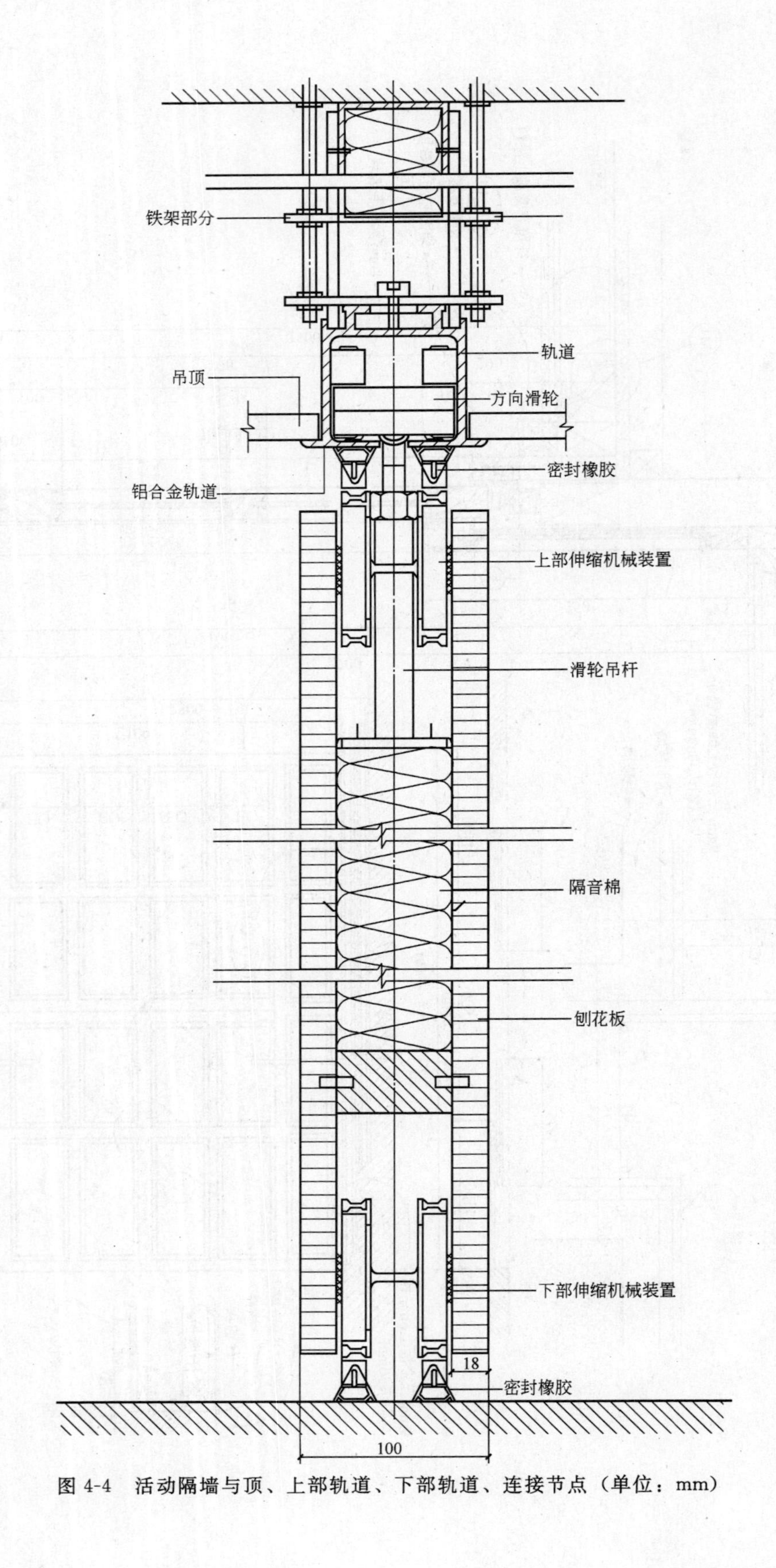

图 4-4　活动隔墙与顶、上部轨道、下部轨道、连接节点（单位：mm）

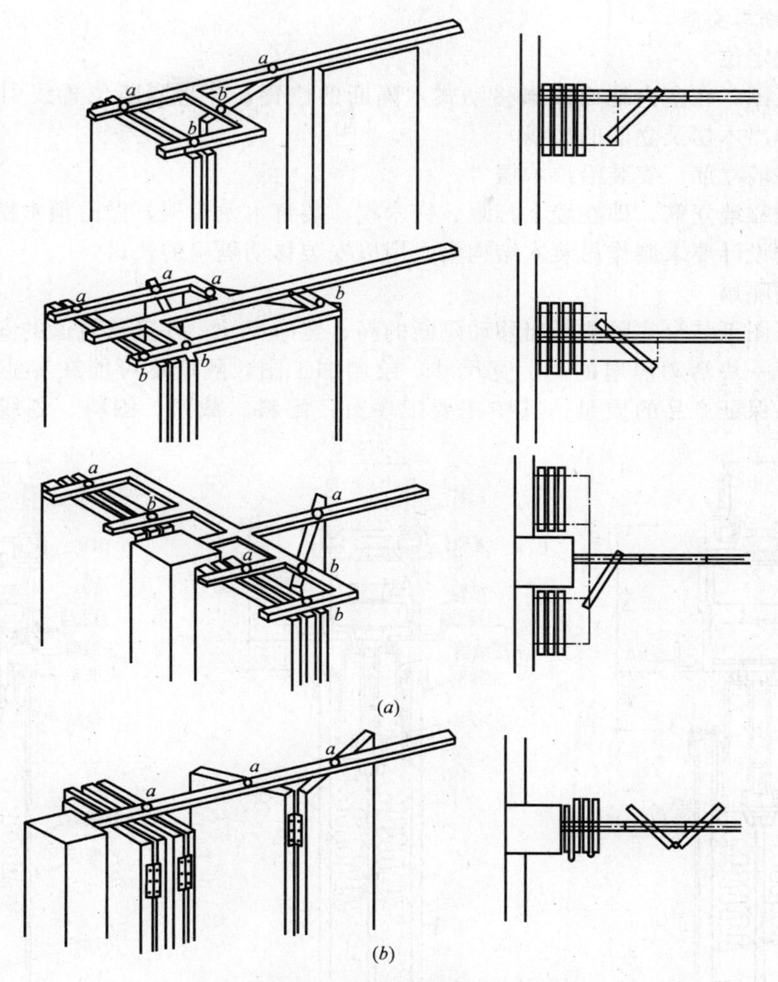

图 4-5 推拉式活动隔墙折叠形式图（单位：mm）
(a) 单片式（由双轮承吊可万向滑动，具有较高灵活性）；(b) 双片式
（由单轮承吊每双片由门铰固定只单向滑动，适合简单场合）

1.3 推拉式活动隔墙施工工艺

1.3.1 施工准备

（1）技术准备

在满足功能的前提下，结合产品特点和操作工艺，编制活动式隔墙的工程施工方案。对工人进行书面技术、安全交底，强调各种机具的使用和注意事项。

（2）材料、机具准备

为确保推拉式活动隔墙的质量，要求对进场的材料和工具如骨架、面板、导轨、切割机、预埋件、连接件等必须验收，符合设计和规范要求方可使用。

1.3.2 施工程序

弹线定位→钉靠墙立筋→安装沿顶木楞→预制隔扇→安装轨道→安装活动隔扇→饰面。

1.3.3 施工要点

（1）弹线定位

根据施工图，在室内地面放出移动式木隔断的位置，并将隔断位置线引至侧墙及顶板，弹线应弹出木楞及立筋的边线。

（2）钉靠墙立筋、安装沿顶木楞

做隔断的靠墙立筋，即在墙上打眼、钉木楔、装钉木龙骨架，做沿顶木楞时，应结合吊顶工程，按设计要求制作吊装木结构梁，用以安装移动隔扇的轨道。

（3）预制隔扇

首先根据图纸结合实际测量出移动隔断的高、宽净尺寸，并确认轨道的安装方式，然后计算隔断每一块活动隔扇的高、宽尺寸，绘制加工图，隔扇尽可能在专业厂家车间制作、拼装，以保证产品的质量。其中主要工序有：配料、截料、刨料、划线、凿眼、倒

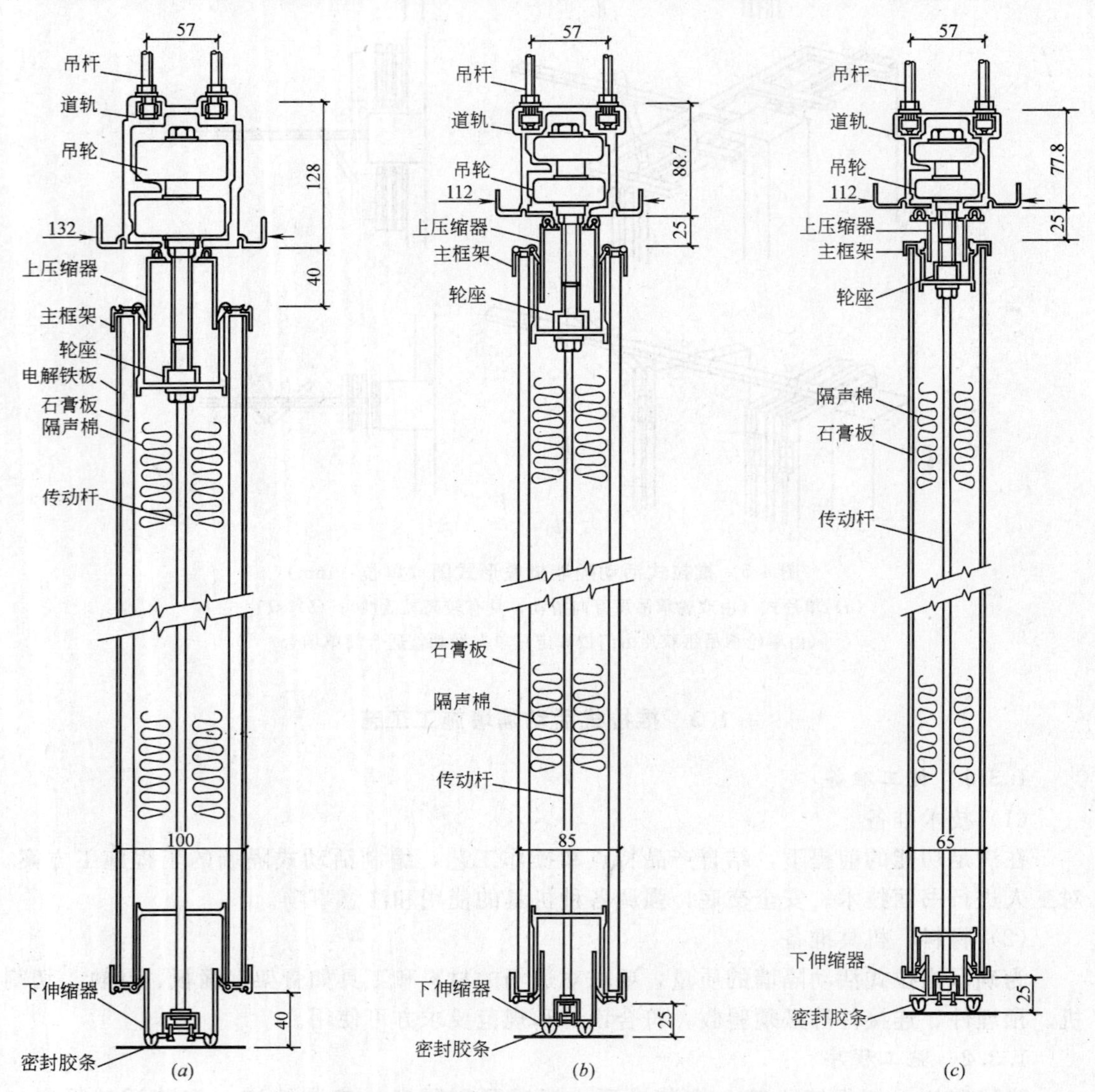

图 4-6 悬吊导向式移动隔墙构造方式（剖面图）（一）

（*a*）最大负载每隔板 675kg；（*b*）最大负载每隔板 450kg；（*c*）最大负载每隔板 225kg

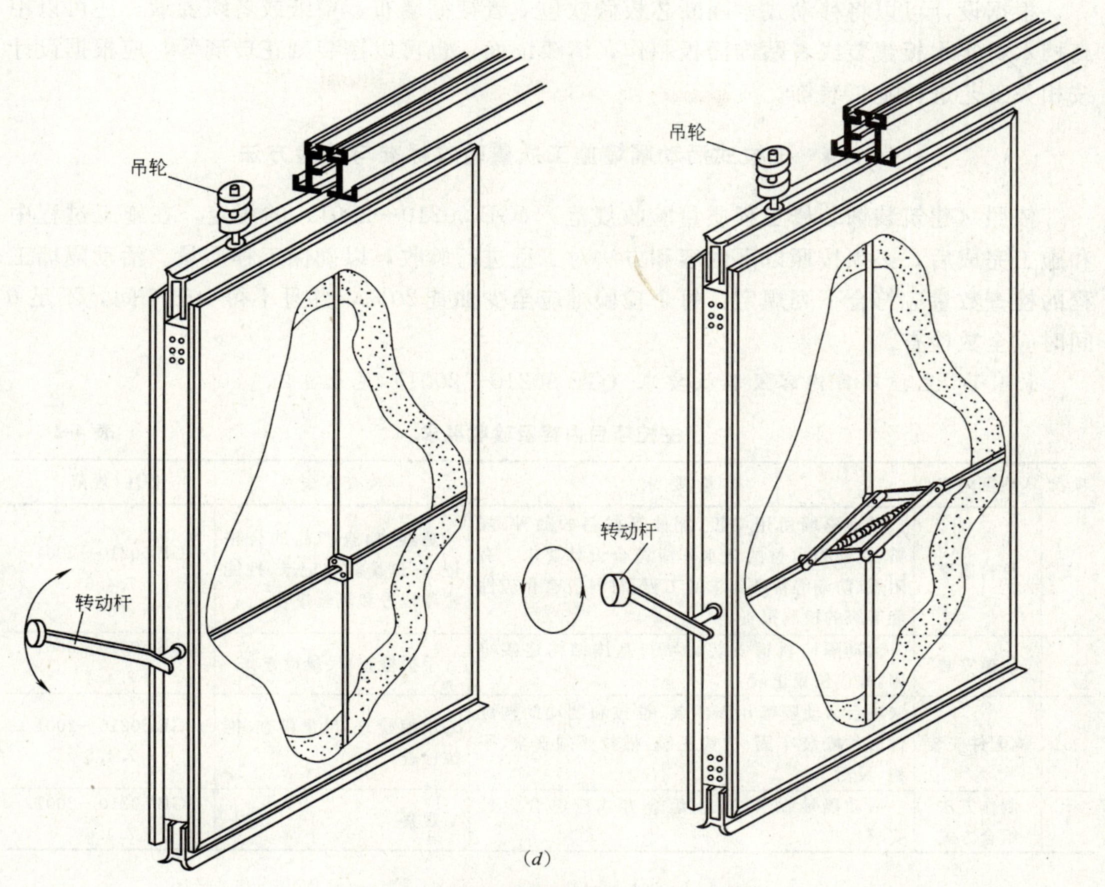

图 4-6　悬吊导向式移动隔墙构造方式（剖面图）（二）

(d) 轴测图

楞、裁口、开榫、断肩、组装、加楔净面、油漆饰面。为防止开裂、变形，可先刷一遍干性油漆或者底漆。

(4) 安装轨道

当采用悬吊导向式固定时，轨道用木螺钉固定在移动式木隔断的沿顶木棱上，有吊顶时，则固定在木梁上，并根据隔扇的安装要求，在地面上设置导向轨；当采用支承导向式固定时，轨道膨胀螺栓按设计要求方式固定于地面，并沿顶木棱上安装导向轨道。安装轨道时应根据轨道的具体情况，提前安装好滑轮，轨道预留开口，一般在靠墙边 1/2 隔扇附近。

(5) 安装活动隔扇

首先应根据安装方式，先准确地画出滑轮安装位置线，然后将滑轮的固定架用木螺钉固定在木隔扇的上梃或者下梃的顶面上。隔扇逐一装入轨道后，推移到指定位置，调整各片隔扇，当每扇隔扇都能自由地回转且垂直于地面时，便可以进行连接或者作最后的固定。每相邻隔扇用三副合页连接。

(6) 饰面

根据设计可以将移动式木隔断芯板做软包或者裱糊墙布、壁纸或者织锦缎，还可以用高档木材实木板镶装或者贴饰面板制作，清漆饰面，也可以镶装刻花玻璃等，应根据设计按相关工艺进行施工装饰。

1.4 推拉式活动隔墙施工质量验收标准与检验方法

依照《建筑装饰装修工程质量验收规范》（GB 50210—2001）的规定，在施工过程中和施工完成后，必须按照以下内容和方法对工程进行验收，以确保工程质量。活动隔墙工程的检查数量应符合下列规定：每个检验批应至少抽查20%，并且不得少于6间，不足6间时应全数检查。

1.4.1 主控项目内容及验收要求（GB 50210—2001）见表4-2。

主控项目内容及验收要求 **表4-2**

项次	项目内容	质量要求	检查方法	备注(规范)
1	材料质量	活动隔墙所用墙板、配件等材料的品种、规格、性能和木材的含水率应符合设计要求。有阻燃、防潮等特殊要求的工程，材料应有相应性能等级的检测报告	观察；检查产品的合格证书、进场验收记录、性能检测报告和复验报告	GB 50210—2001 7.4.3
2	轨道安装	活动隔墙轨道安装必须与基体结构连接牢固，并应位置正确	手扳检查；尺量检查	GB 50210—2001 7.4.4
3	构配件安装	项目活动隔墙用于组装、推拉和制动的构配件必须安装牢固、位置正确，推拉必须安全、平稳、灵活	手扳检查；尺量检查；推拉检查	GB 50210—2001 7.4.5
4	制作方法组合方式	活动隔墙制作方法、组合方式应符合设计要求	观察	GB 50210—2001 7.4.6

1.4.2 一般项目内容及验收要求（GB 50210—2001）见表4-3。

一般项目内容及验收要求 **表4-3**

项次	项目内容	质量要求	检查方法	备注(规范)
1	表面质量	活动隔墙表面应平整光滑、色泽一致、洁净，线条应顺直、清晰	观察；手摸检查	GB 50210—2001 7.4.7
2	孔洞、槽、盒	活动隔墙上的孔洞、槽、盒应位置正确、套割吻合、边缘整齐	观察；尺量检查	GB 50210—2001 7.4.8
3	隔墙推拉	活动隔墙推拉应无噪声	推拉检查	GB 50210—2001 7.4.9

1.4.3 活动隔墙安装的允许偏差和检验方法，见表4-4。

活动隔墙安装的允许偏差和检验方法 **表4-4**

项次	项目	允许偏差(mm)	检查方法
1	立面垂直度	3	用2m垂直检测尺检查
2	表面平整度	2	用2m靠尺和塞尺检查
3	接缝直线度	3	拉5m线，不足5m拉通线，用钢直尺检查
4	接缝高低差	2	用钢直尺和塞尺检查
5	接缝宽度	2	用钢直尺检查

在依照规范进行质量验收时，不仅要进行现场的验收，同时也要认真查阅与工程相关的所有资料，其中质量验收文件是主要内容之一。活动隔墙工程的质量验收文件主要由以下文件组成：

（1）活动隔墙工程的施工图、设计说明及其他设计文件；

（2）材料的产品合格证书、性能检测报告、进场验收记录和复验报告；

（3）隐蔽工程验收记录；

（4）施工记录；

（5）质量验收记录表（GB 50210—2001），见表 4-5。

质量验收记录表 **表 4-5**

单位(子单位)工程名称					
分部(子分部)工程名称				验收部位	
施工单位				项目经理	
分包单位				分包项目经理	
施工执行标准及编号					
施工质量验收规范的规定				施工单位检查评定记录	监理(建设)单位验收记录
主控项目	1	材料质量	GB 50210—2001 7.4.3		
	2	轨道安装	GB 50210—2001 7.4.4		
	3	构配件安装	GB 50210—2001 7.4.5		
	4	制作方法组合方式	GB 50210—2001 7.4.6		
一般项目	1	表面质量	GB 50210—2001 7.4.7		
	2	孔洞、槽、盒	GB 50210—2001 7.4.8		
	3	隔墙推拉	GB 50210—2001 7.4.9		
	4	允许偏差	GB 50210—2001 7.4.10		
施工单位检查评定结果	专业工长(施工员)			施工班组长	
	项目专业质量检查员： 年 月 日				
监理(建设)单位验收结论	专业监理工程师 (建设单位项目专业技术负责人)： 年 月 日				

1.5 推拉式活动隔墙施工安全技术

由于活动隔墙的复杂性、灵活性和材料的多样性，无论是在施工过程中还是施工结束以后，都要注意建筑工程质量和功能的保护以及施工人员的健康和安全。所以在施工期间，要求在以下三个方面严格遵守国家法律法规、条例，确保各项工作顺利进行。

1.5.1 成品保护

(1) 木制隔扇进场后应储存在仓库或者材料棚中，并按制品的种类、规格，水平堆放，底层应搁置垫木，在仓库中垫木离地面高度不小于200mm，在临时工棚中离地面高度不小于400mm，使其能自然通风并加盖防雨、防晒措施。

(2) 安装后隔墙被碰坏或者污染环境，应及时采取保护措施，如装设保护条、塑料膜、设专人看管等等。

(3) 施工部位已经安装好的门窗，施工完成的地面，墙面、窗台等应注意保护，防止损坏。

1.5.2 安全管理措施

(1) 安装木质制隔断板时保持室内良好的通风。

(2) 操作电动机具防止噪音污染。

(3) 施工现场完工清场。

(4) 活动隔墙板是木制品，所以施工现场严禁吸烟，并设置禁烟警示牌。

(5) 机电器具应安装漏电保护装置。

(6) 对饰面板做油漆等施工时，注意施工人员的保护，要求戴口罩、手套等防护用品。

1.5.3 注意问题

(1) 导轨安装应水平、顺直，不应倾斜不平，扭曲变形。

(2) 构造做法、固定方法应符合设计要求。

(3) 镶板表面平整，边缘整齐，不应有污垢、翘曲、起皮、色差、图案不完整的缺陷。

(4) 与主体结构连接的木骨架、立筋、木楞、预埋木砖等应做防腐处理，金属连接构件应做防锈处理，使用的防腐剂和防锈剂应符合相关规定的要求。

课题2 可拆装式活动隔墙

2.1 可拆装活动隔墙材料及选用

可拆装活动隔墙主要指装配化程度较高的拼装式隔墙。常见的有预制轻钢龙骨的隔墙（03J111-2）、板式拼装式活动隔墙、金属竖框拼装式活动隔墙、木镶板拼装式活动隔墙等。本课题主要介绍预制轻钢龙骨内隔墙（03J111-2）特性。

2.1.1 预制轻钢龙骨隔墙墙板材料

(1) 规格品种

预制轻钢龙骨隔墙主要是指硅酸钙板与轻钢龙骨组合和硅酸钙板与轻钢龙骨及防火、

隔声材料组合两种。

墙板的主要规格有，长度：2440～6100mm；宽度：400、600、1220mm；厚度：76、80、100、150mm。墙板的版型主要有普通板、调节板、首板、末板、角板、洞板、樘板、线管板、水管板等 9 种，板型规格见图 4-7。

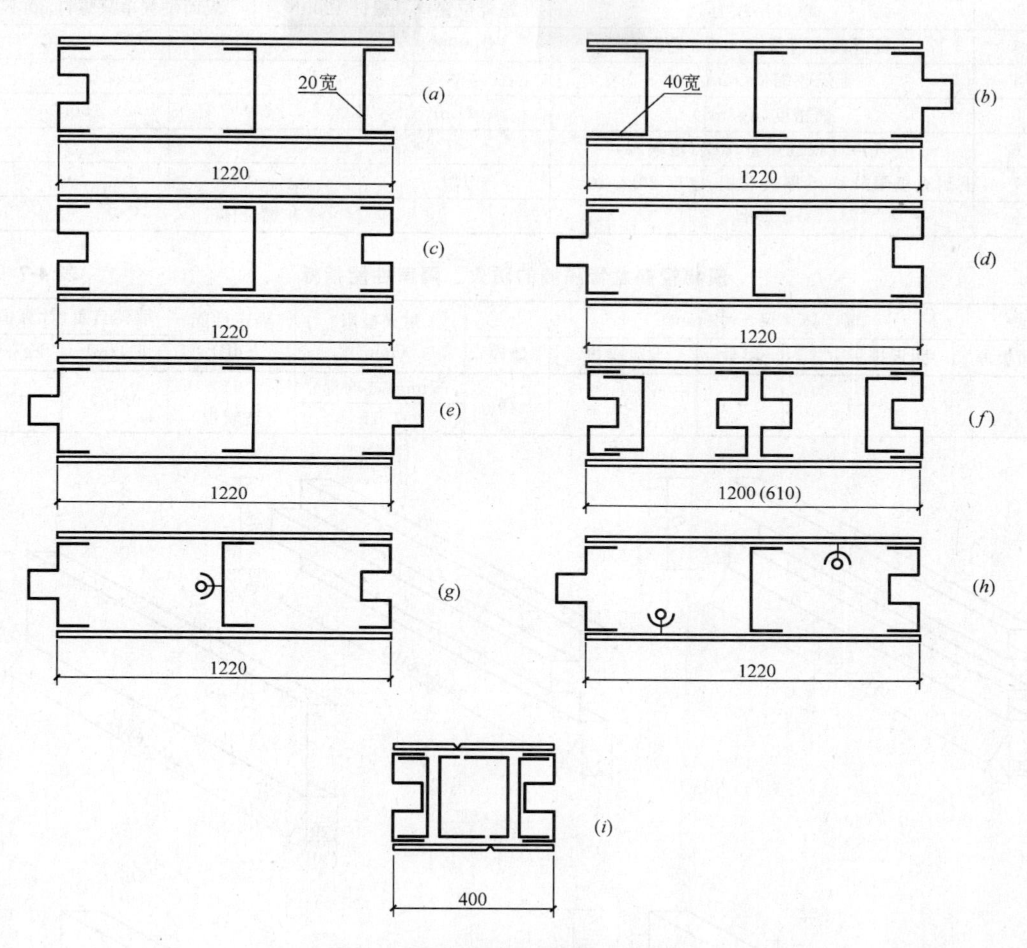

图 4-7　预制轻钢龙骨隔墙板型图

(*a*) 首板；(*b*) 末板；(*c*) 调节板；(*d*) 普通板；(*e*) 樘板；(*f*) 洞板；(*g*) 水管板；(*h*) 线管板；(*i*) 角板

（2）主要性能

预制轻钢龙骨隔墙具有抗冲击能力强、强度高、防火、隔声、工业化程度高、施工简单、可反复拆装等特点。主要适用于新建、改建、扩建的民用和工业建筑非承重隔墙。预制轻钢龙骨隔墙的物理性能指标见表 4-6，预制轻钢龙骨隔墙的防火、隔声性能指标见表 4-7。

2.1.2　预制轻钢龙骨隔墙主要配件

预制轻钢龙骨隔墙的主要配件有墙板龙骨连接件和墙板固定连接件等。

（1）墙板龙骨连接件主要是用来将两侧的硅酸钙板与轻钢龙骨连接形成预制轻钢龙骨隔墙的标准板型。墙板龙骨连接件见图 4-8。

（2）墙板固定连接件主要是用来将预制轻钢龙骨隔墙的标准板型组合而成的轻质墙体与地面、墙、柱、顶面连接固定。墙板固定连接件见图 4-9。

预制轻钢龙骨隔墙的物理性能指标 **表 4-6**

<table>
<tr><th rowspan="2">序号</th><th rowspan="2">项 目</th><th colspan="3">厚 度(mm)</th></tr>
<tr><th>76</th><th>100</th><th>150</th></tr>
<tr><td>1</td><td>抗冲击性能(次)</td><td colspan="3">砂袋 30kg,6 次冲击,板面无裂纹,无破损</td></tr>
<tr><td>2</td><td>单点吊挂力</td><td colspan="2">龙骨位置单只螺钉 1200N</td><td>板面位置单只螺钉 300N</td></tr>
<tr><td>3</td><td>抗折破坏荷载(800mm 跨距)</td><td>10000N</td><td>—</td><td>—</td></tr>
<tr><td>4</td><td>干燥收缩值(mm/m)</td><td>≤0.7</td><td>—</td><td>—</td></tr>
<tr><td>5</td><td>面密度(kg/m²)</td><td>21.0</td><td>24.9</td><td>30.0</td></tr>
<tr><td>6</td><td>空气声计权隔声量(dB)(玻璃棉)</td><td>41</td><td>—</td><td>—</td></tr>
<tr><td>7</td><td>耐火极限(h)(25 厚玻璃棉,密度 20kg/m³)</td><td>1.1</td><td>—</td><td>—</td></tr>
<tr><td>8</td><td>燃烧性</td><td colspan="3">非燃烧体</td></tr>
</table>

预制轻钢龙骨隔墙的防火、隔声性能指标 **表 4-7**

<table>
<tr><th colspan="5">墙 体 尺 寸(mm)</th><th rowspan="2">耐火极限
(min)</th><th rowspan="2">隔声性能
(dB)</th><th colspan="2">墙体自重(计算值)</th></tr>
<tr><th>面板厚</th><th>面板排板方式</th><th>层数</th><th>龙骨宽度</th><th>墙厚</th><th>kN/m²</th><th>kg/m²</th></tr>
<tr><td rowspan="2">6</td><td rowspan="2">6+6</td><td rowspan="2">1+1</td><td rowspan="2">64</td><td rowspan="2">76</td><td>67min(玻璃棉)</td><td rowspan="2">41
(玻璃棉)</td><td rowspan="2">0.167</td><td rowspan="2">17</td></tr>
<tr><td>1.1h</td></tr>
</table>

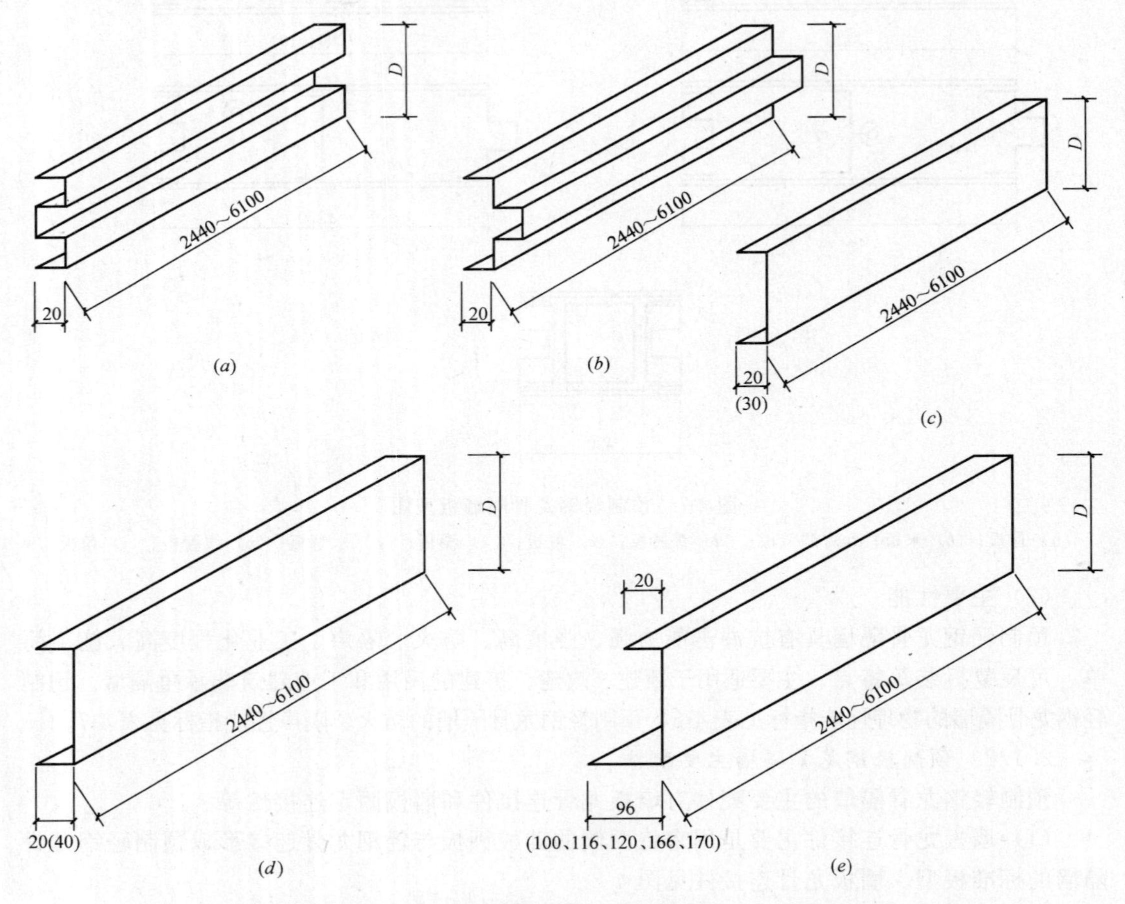

图 4-8 预制轻钢龙骨隔墙墙板龙骨及连接件（一）（单位：mm）

(*a*) 凹形竖龙骨；(*b*) 凸形竖龙骨；(*c*) 加强竖龙骨；(*d*) 竖龙骨；(*e*) 边龙骨

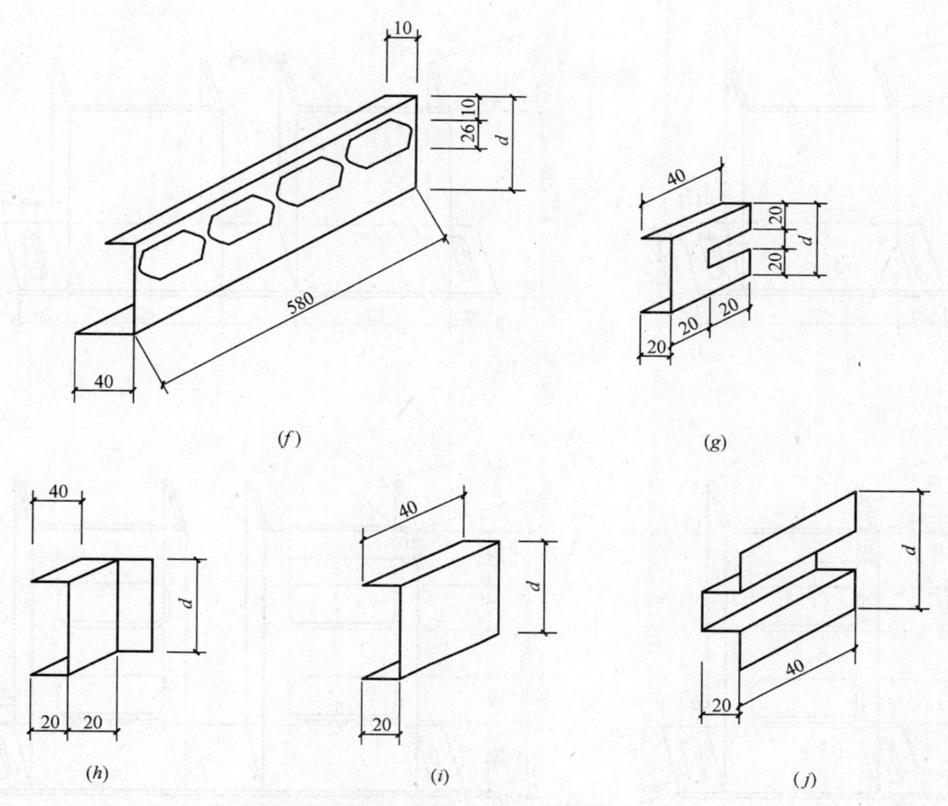

图 4-8　预制轻钢龙骨隔墙墙板龙骨及连接件（二）（单位：mm）
（*f*）连接件（一）；（*g*）连接件（二）；（*h*）连接件（三）；
（*i*）连接件（四）；（*j*）连接件（五）

2.2　可拆装活动隔墙构造与施工图

2.2.1　预制轻钢龙骨隔墙

(1) 连接构造

墙板组装轴测图，见图 4-10。

墙板连接节点，见图 4-11。

末板安装节点，见图 4-12。

(2) 与结构主体、门窗的连接构造

墙板与主体墙、柱连接节点，见图 4-13。

墙板与结构梁、板连接节点，见图 4-14。

墙板与楼地面连接、踢脚做法节点，见图 4-15。

墙板与门窗框连接节点，见图 4-16。

2.2.2　其他可拆装活动隔墙构造、施工图实例

(1) 板式拼装式活动隔墙构造（图 4-17）

(2) 拼装式活动隔墙施工图

金属竖框拼装式活动隔墙，见图 4-18。

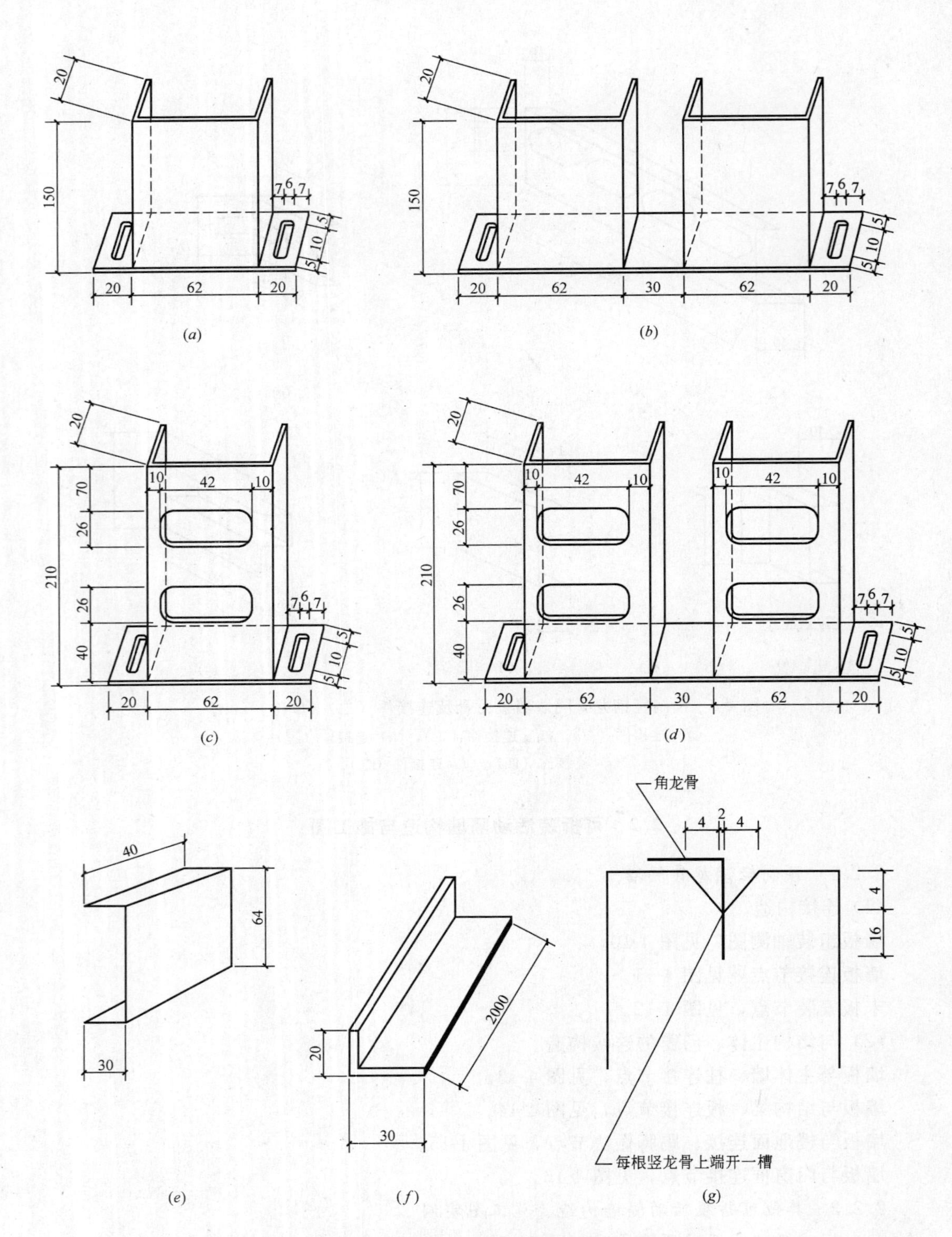

图 4-9 预制轻钢龙骨隔墙墙板固定连接件（单位：mm）

（a）1# 固定件；（b）3# 固定件；（c）2# 固定件；（d）4# 固定件；

（e）5# 固定件；（f）角龙骨；（g）端头节点

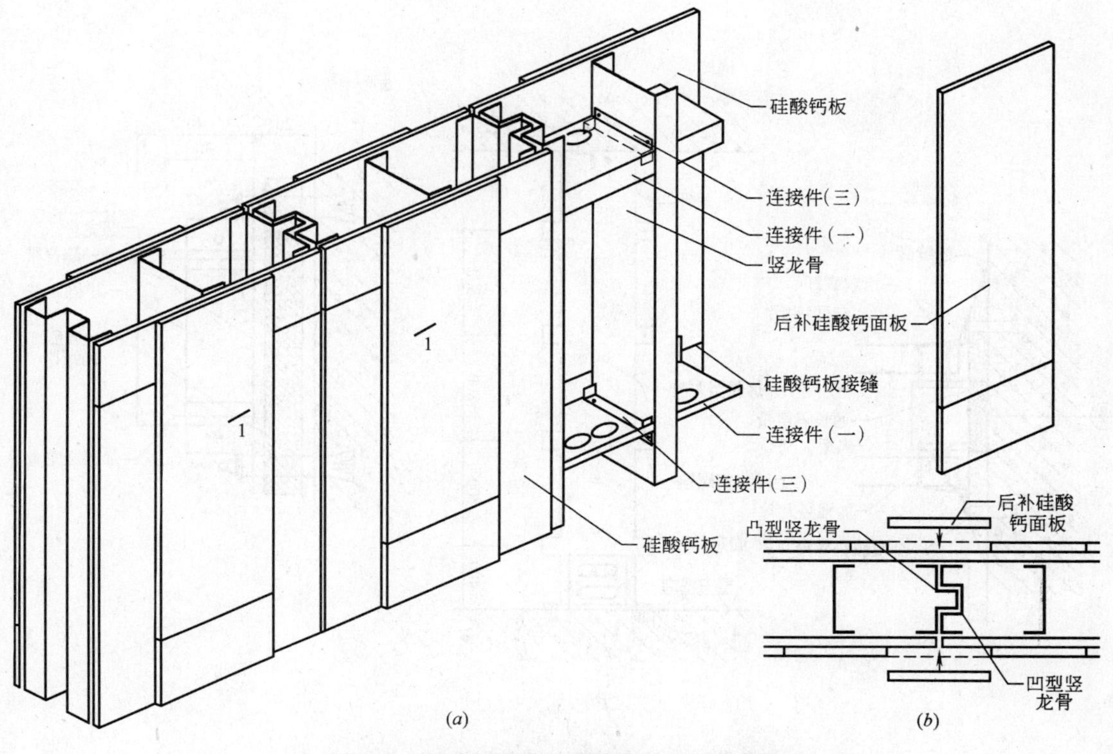

图 4-10 预制轻钢龙骨隔墙墙板组装轴测图

(*a*) 双面单层、双层硅酸钙板隔墙轴测图；(*b*) 1—1 剖面图

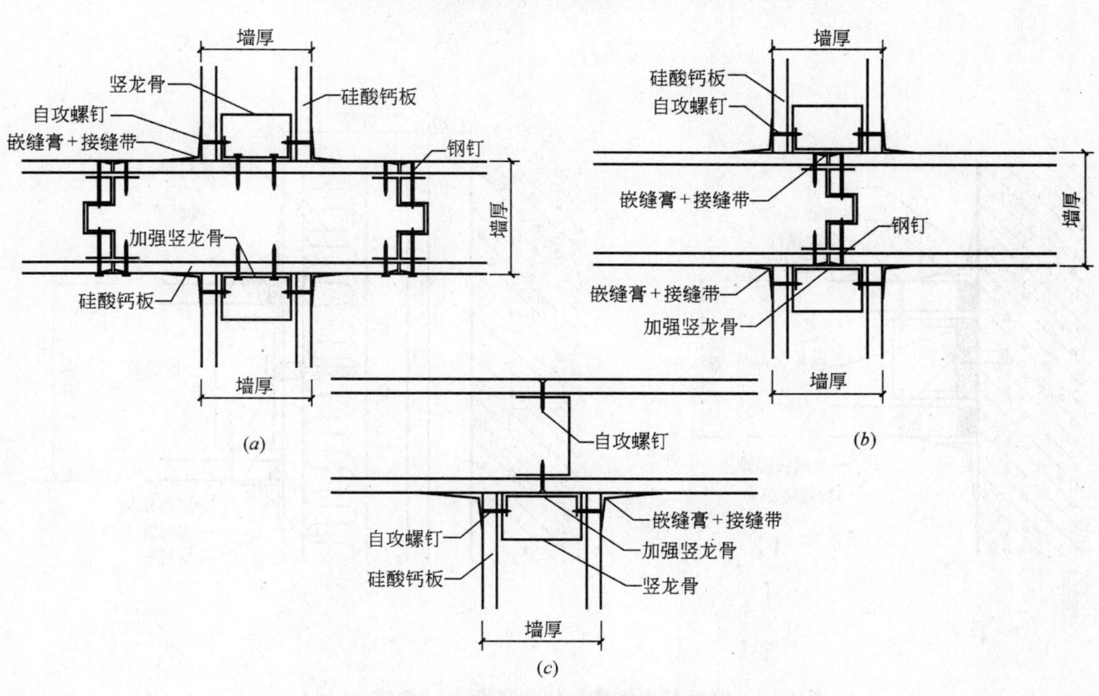

图 4-11 预制轻钢龙骨隔墙墙板连接节点

(*a*) 十字墙板连接；(*b*) 十字墙板连接；(*c*) T 形墙板连接

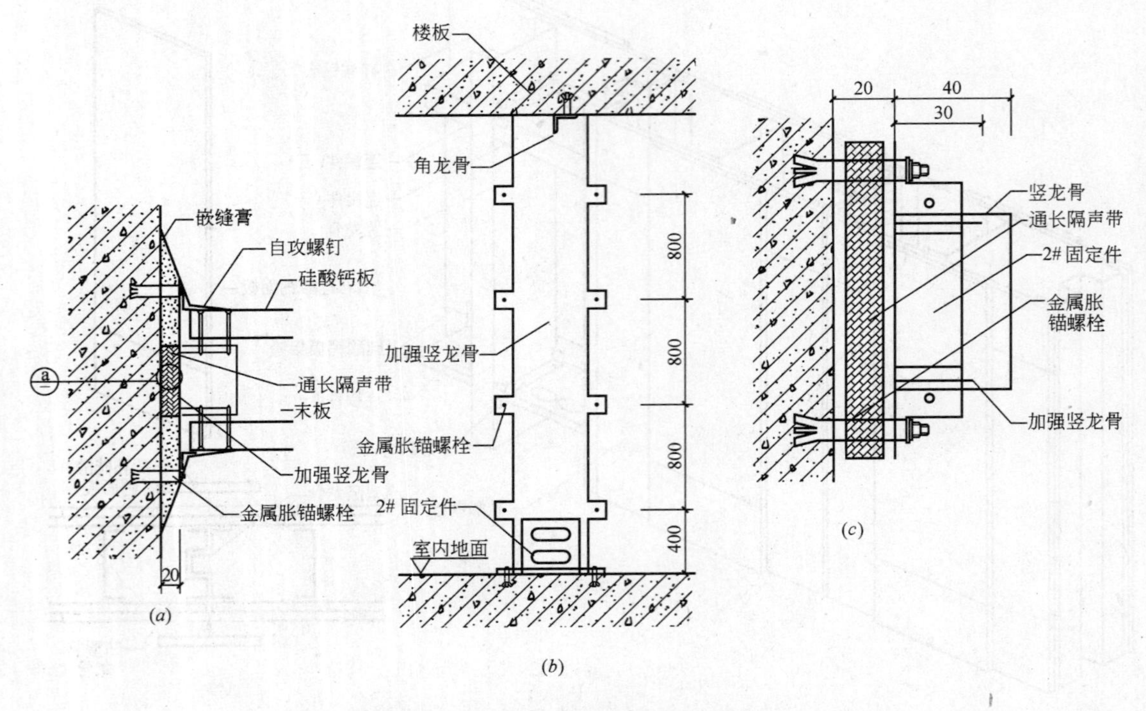

图 4-12 预制轻钢龙骨隔墙末板安装节点（单位：mm）

(a) 节点平面图；(b) 加强竖龙骨正立面图；(c) 大样ⓐ

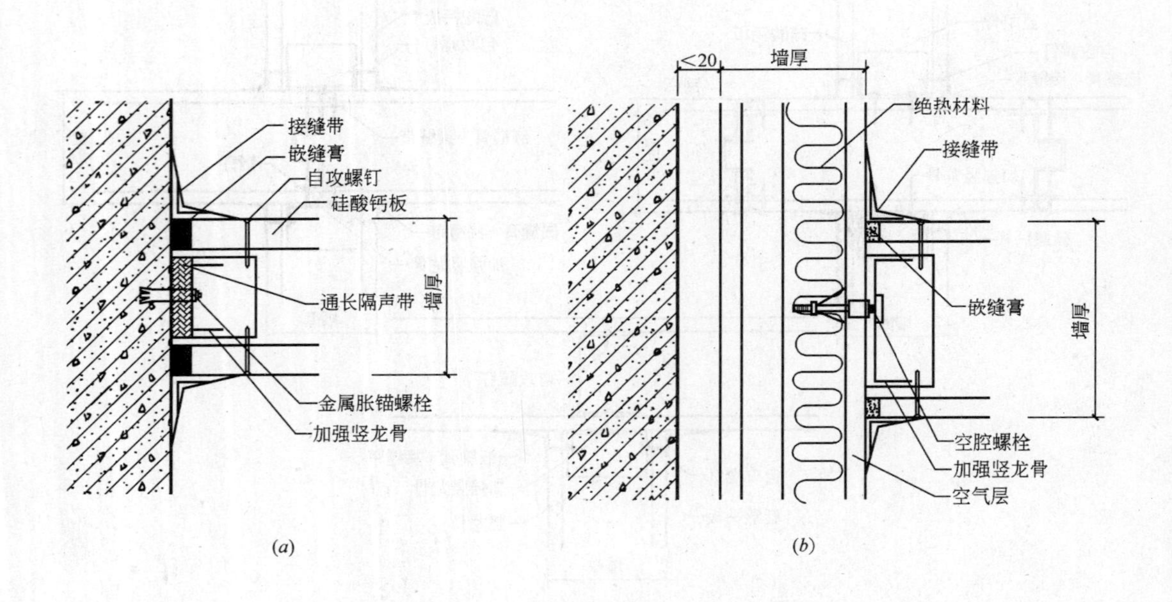

图 4-13 墙板与主体墙、柱连接节点（单位：mm）

(a) 墙板与主体墙柱连接；(b) 墙板与保温墙连接

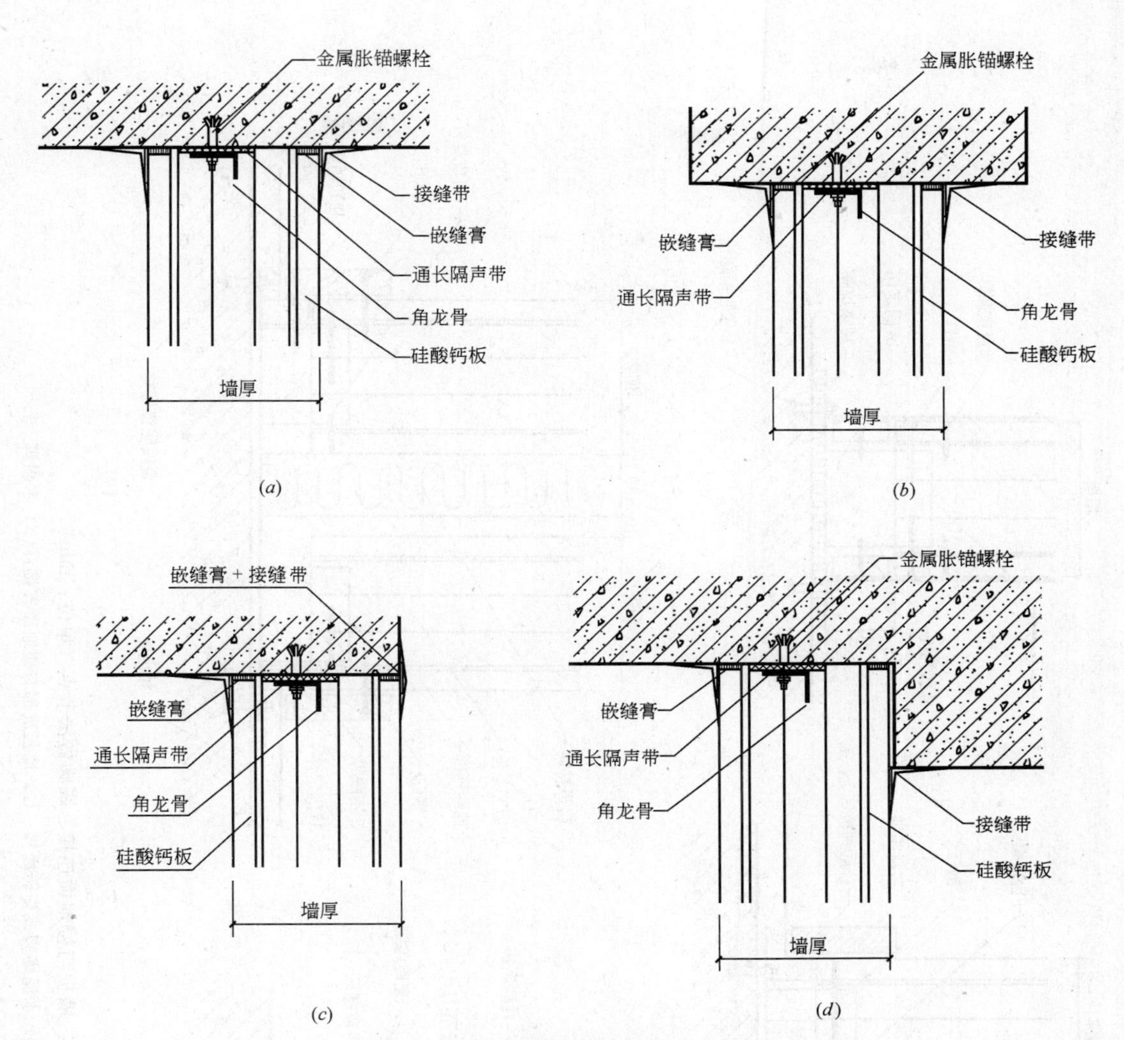

图 4-14　墙板与结构梁、板连接节点

(*a*) 墙板与楼板顶面连接；(*b*) 墙板与梁底连接；(*c*) 墙板与梁底一侧平齐连接；
(*d*) 墙板沿梁与楼板顶面连接

木镶板拼装式活动隔墙，见图 4-19。

2.3　可拆装活动隔墙施工工艺

2.3.1　施工准备

(1) 材料准备

建筑工程质量的保证，其所用材料是关键因素之一。因此所有进入施工现场的材料必须经过验收合格并且符合以下要求方可使用。

硅酸钙板

应符合《纤维增强硅酸钙板》(JC/T 564—2000) 的要求。

轻钢龙骨

应符合《建筑用轻钢龙骨》(GB/T 11981—2001) 的要求。

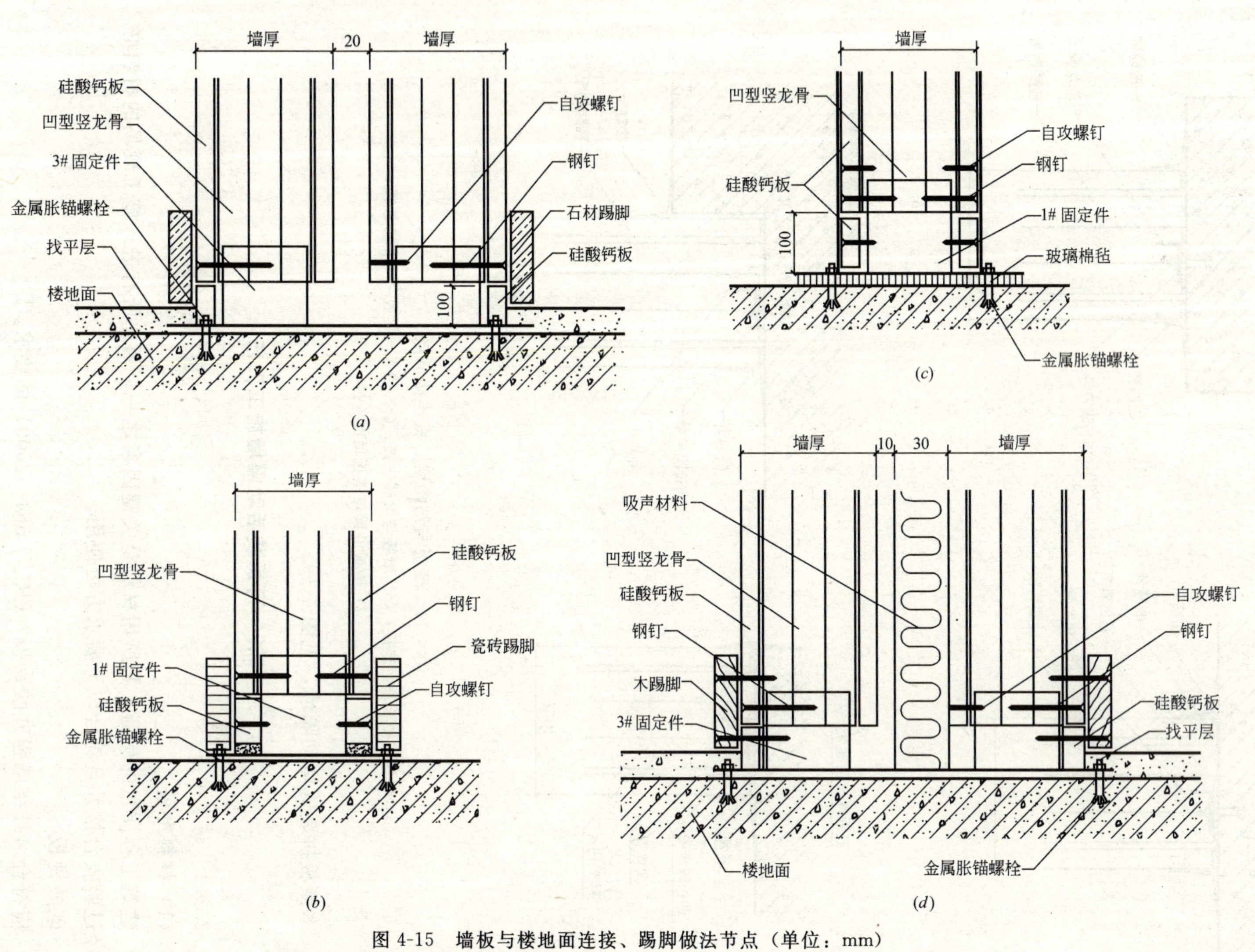

图 4-15　墙板与楼地面连接、踢脚做法节点（单位：mm）

(a) 石材踢脚；(b) 水泥踢脚或瓷砖踢脚；(c) 墙板底部与楼地面连接；(d) 木踢脚

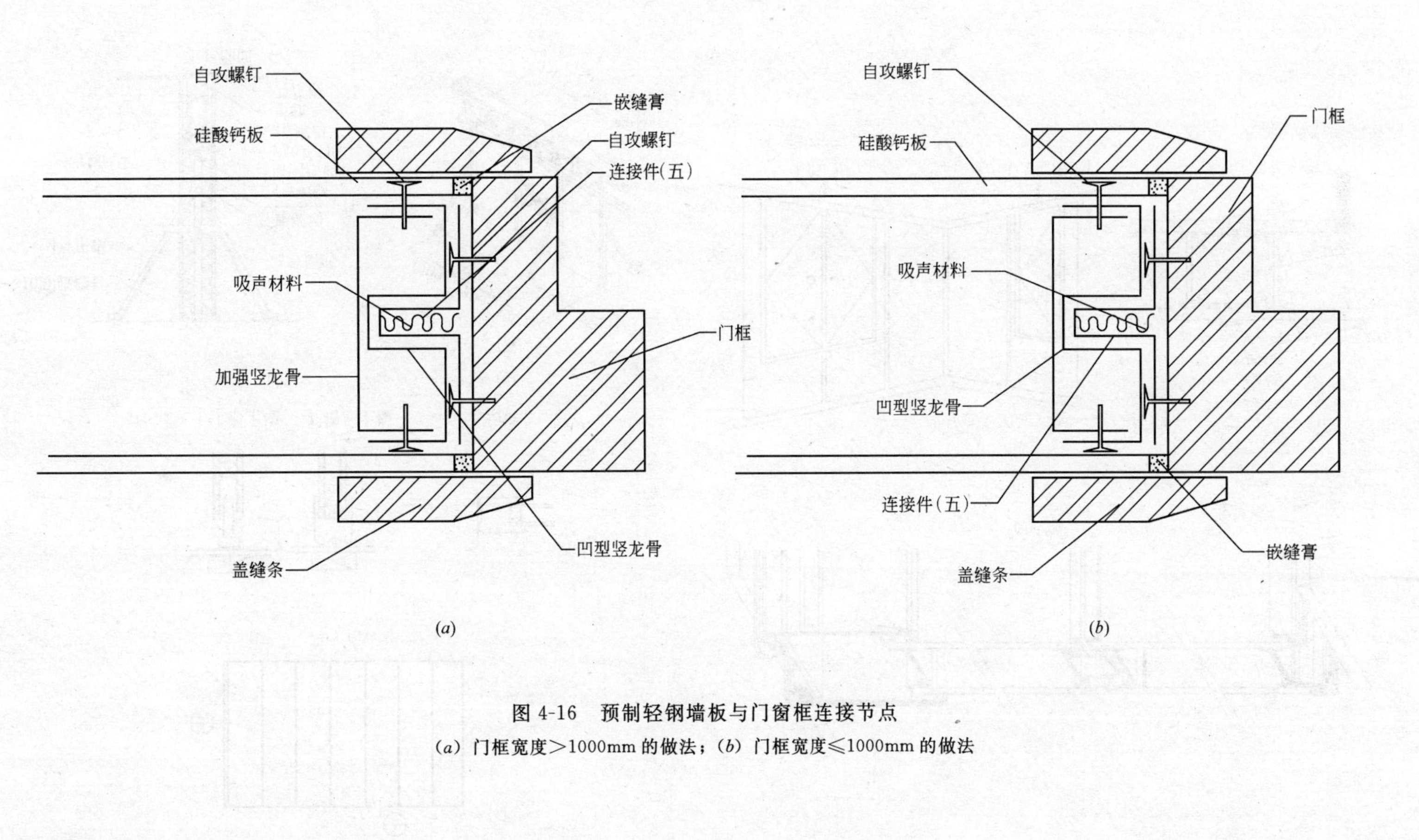

图 4-16　预制轻钢墙板与门窗框连接节点

(a) 门框宽度＞1000mm 的做法；(b) 门框宽度≤1000mm 的做法

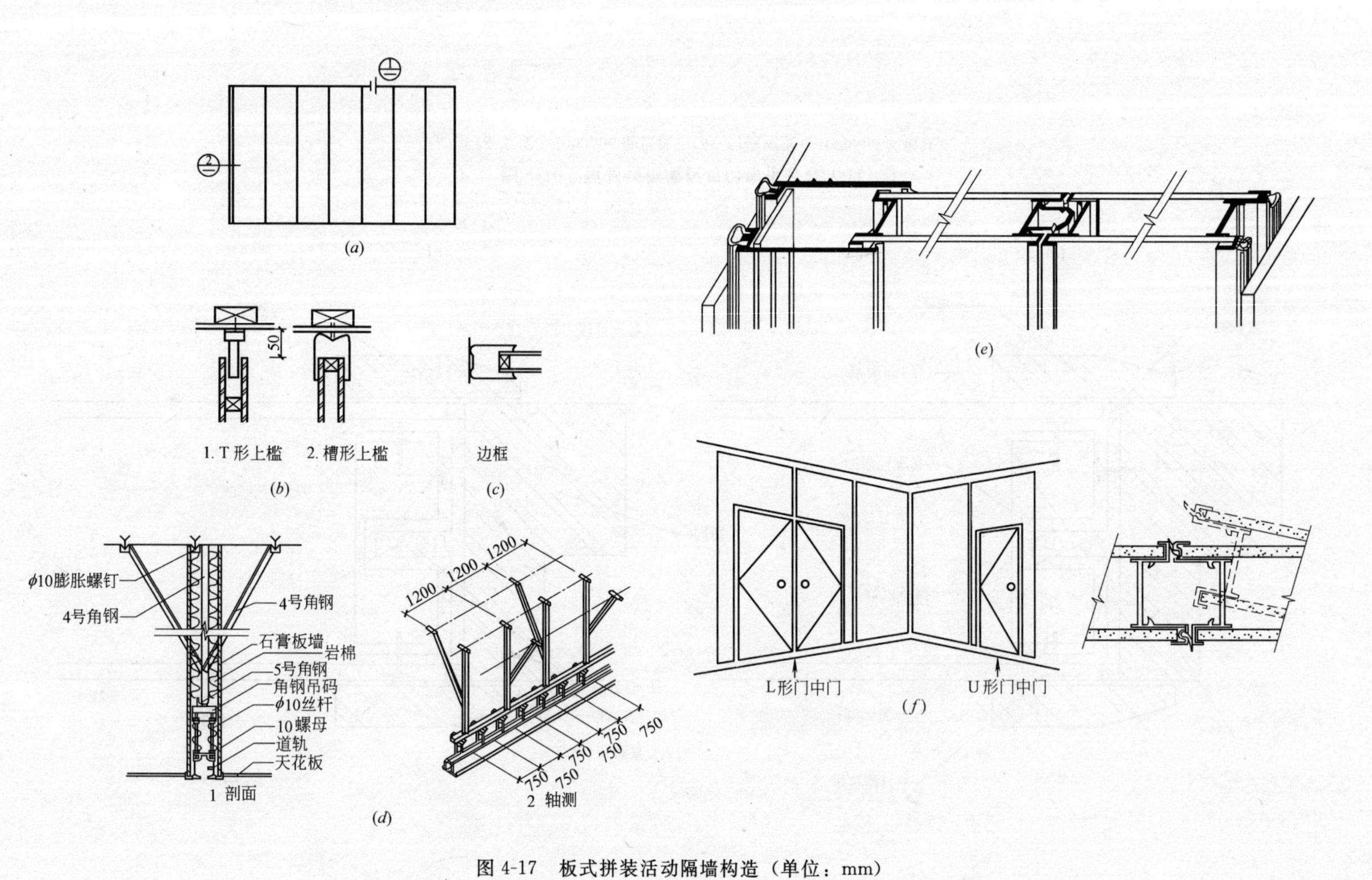

图 4-17　板式拼装活动隔墙构造（单位：mm）

(a) 立面图；(b) ①节点；(c) ②节点；(d) 屏风钢结构图；(e) 伸缩器和波胶连接结构；(f) 门中门结构

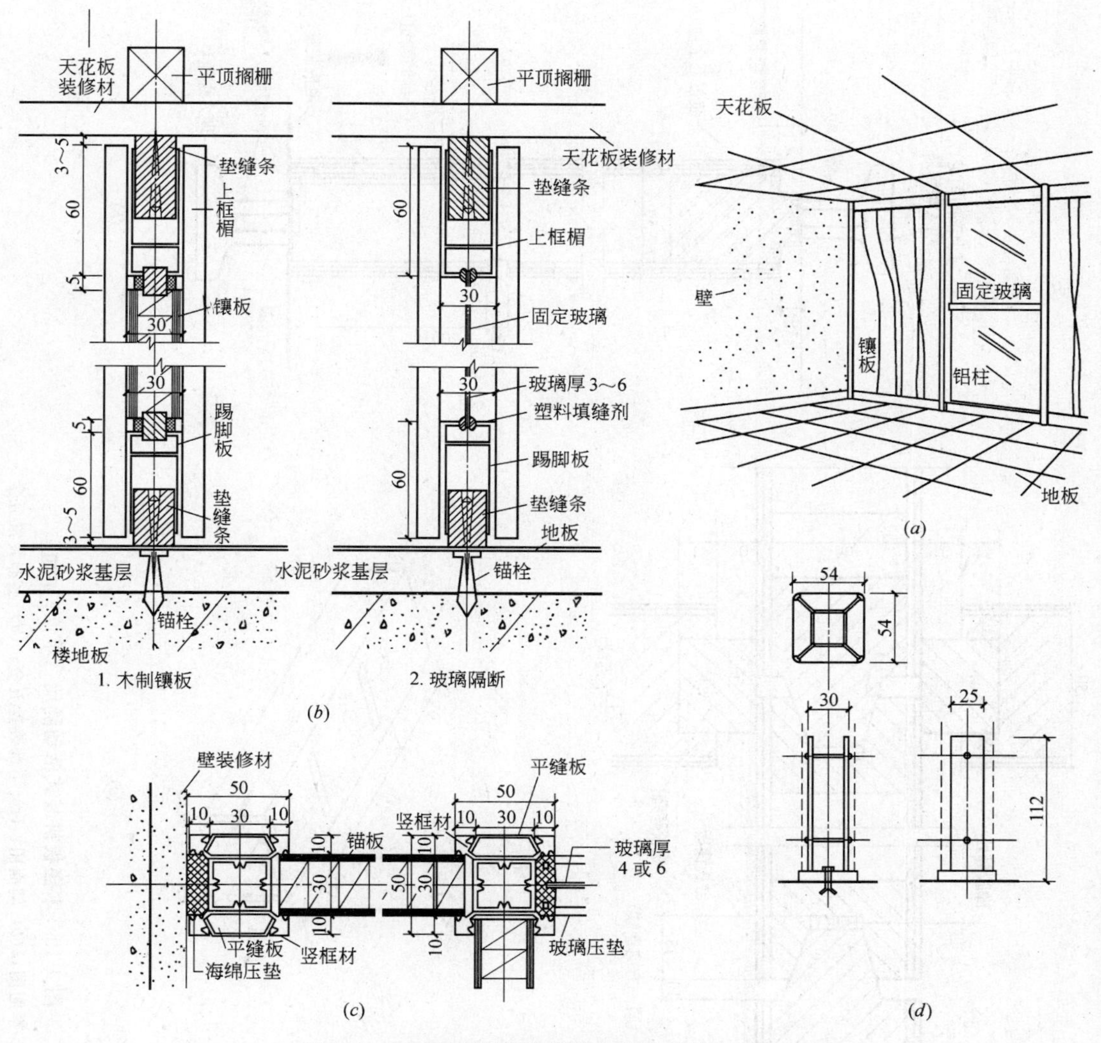

图 4-18 金属竖框拼装式活动隔墙（单位：mm）

（*a*）透视图；（*b*）剖面；（*c*）平面；（*d*）铝竖框型材详图

填充材料

应符合《建筑绝热用玻璃棉制品》（GB/T 17795—1999）和《吸声用玻璃棉制品》（JC/T 469—92（96））的要求。

（2）作业条件

楼层封顶和主体结构施工验收完毕，与墙板接触部位的主体墙、柱面层应处理后方可进行预制隔墙板的安装，从而确保施工质量。

（3）技术准备

在熟悉施工图和材料特点的基础上编制预制轻钢龙骨隔墙的工程施工方案和施工组织，并对工人进行书面技术、安全交底。同时准备好靠尺板、线板、线坠、大小开刀刷子、钢尺、刮板、灰槽、射钉枪、电焊机等施工机具。说明各种机具的使用和注意事项，强调保证施工安全的各项措施。

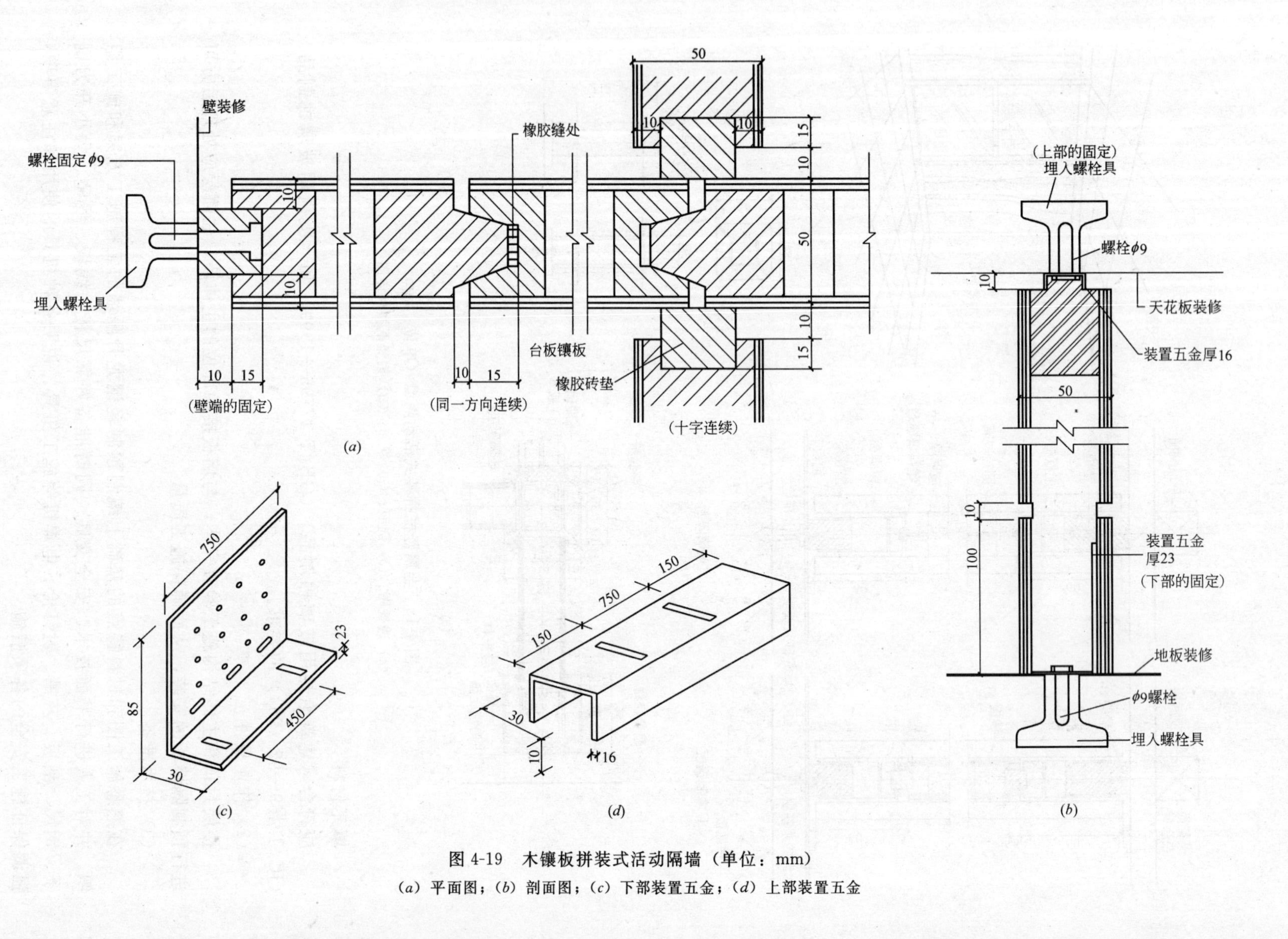

图 4-19　木镶板拼装式活动隔墙（单位：mm）

(a) 平面图；(b) 剖面图；(c) 下部装置五金；(d) 上部装置五金

(4) 工具准备

见表4-8。

工具表 表4-8

类别	序号	名称	单位	数量/组	备注
电动工具	1	卷扬机	架	1	整个工地仅需要数量
	2	手提切割机	台	1/2组	用于切割过梁墙板
	3	电锤	把	1/2组	若有射钉枪可不用
	4	手电钻	把	2组	每隔600mm位置钻眼
	5	空压机	台	1/4组	限一个楼层供用
	6	风披	个	1/组	
非电动工具	1	扫把	把	1组	用于经常清理地面墨线
	2	定高杆	根	1	每层数量
	3	卷尺	把	4/组	
	4	吊线锤	个	1/组	检查墙板及固定件垂直状态
	5	铅笔	支	4/组	
	6	墨斗	个	1/组	
	7	射枪	把	2/组	一人一把于墙面两面作业
	8	斧头	把	1/组	
	9	榔头	把	2/组	
	10	十字螺钉旋具	把	4/组	
	11	撬棍或木杠	把	4/组	长度以1200mm为好
	12	工字槽	根	1/组	墙板底端置于槽内位移,木楔楔至槽底顶起楼板
	13	木楔	个	6/组	厚薄不一,杂木木质为好
	14	方木	根	4	用于塞进墙板内,切割时起靠尺作用
	15	工作台	个	1～2/层	装有云石圆盘锯,工作台用于切割墙板
	16	梯子或凳子	个	2/组	

2.3.2 施工程序

(1) 清理结构墙面、地面、楼板底面。

(2) 弹出墙板顶面相应墨线。

(3) 标出门窗洞口位置。

(4) 安装墙板。

(5) 板缝处理。

2.3.3 施工要点

(1) 安装前应检查内隔墙板。凡外形尺寸超出允许偏差或有严重缺陷的不合格产品不得使用。

(2) 沿墨线将角龙骨、加强竖龙骨分别安装到楼板顶面和主体墙柱上；按排板图从一侧开始（包括窗、门顺序）安装。墙板（包括线管板、水管板）下端置于工字槽内，推墙板套住加强竖龙骨或墙板一侧龙骨，将撬棍塞进工字槽底部并撬起，直到墙板龙骨上端缺口对准角龙骨顶紧，用线锤吊线使墙板呈垂直状态。用两组木楔将工字槽底部塞紧。

(3) 将固定件塞进墙板竖龙骨底端并垂直楼地面，用金属胀锚栓固定。用钢钉横穿硅酸钙板、竖龙骨及固定件。

(4) 用钢钉每隔600mm横穿墙板，撤去木楔，工字槽。

(5) 用通常PVC管线或铝塑复合管穿过固定件孔。硅酸钙板安装在固定件上。将踢脚板安装在硅酸钙板上。

(6) 拼接缝处理

1) 清洁接缝，在接缝口扫一道白乳胶用刮刀将嵌缝膏嵌入两板倒角区；

2) 第一道腻子凝固后用8# 砂纸打磨，将接缝带对准缝口用白乳胶粘上，用刮刀顺接缝压实，刮去多余的乳胶和气泡；

3) 干后用嵌缝膏覆在接缝带上，此次比第一道腻子覆盖钉孔宽约25mm；

4) 第二道腻子干后，再用嵌缝膏薄薄压上一层，此次比第二倒腻子覆盖钉孔宽约50mm；

5) 最后一道腻子干后用砂纸打磨。

(7) 转角处理

1) 打磨硅酸钙板切割后不平整的边；

2) 将嵌缝膏抹在转角线及转角的两面嵌实抹平；

3) 将接缝带居中扣在转角处，用刀压实。

2.4 可拆装活动隔墙施工质量验收标准与检验方法

2.4.1 主控项目

同推拉式活动隔墙。

2.4.2 一般项目

同推拉式活动隔墙。

2.5 可拆装活动隔墙施工安全技术

同推拉式活动隔墙。

思考题与习题

1. 推拉式活动隔墙可分为哪几种？各有什么特点？
2. 推拉式活动隔墙常用材料有哪些？有哪些配件？
3. 请说出推拉式隔墙的维护要求。
4. 可拆装活动隔墙常见的主要有哪几种？
5. 预制轻钢龙骨隔墙常见的有哪些规格品种？
6. 预制轻钢龙骨隔墙有什么性能？
7. 请说出推拉式活动隔墙的防水和防腐要求。

单元5 玻璃隔墙

知 识 点： 材料及选用；常用构造与施工图；施工工艺与方法；成品保护；安全技术；专用施工机具；施工质量验收标准与检验方法。

教学目标： 通过课程教学和技能实训，学生应能识读玻璃隔墙装饰施工图；能够识别玻璃隔墙的常用构造；能根据施工现场条件测量放样；能组织玻璃隔墙基层与饰面的施工作业；能掌握质量验收标准与检验方法，组织检验批的质量验收；能组织实施成品与半成品保护与劳动安全技术措施。

课题1 空心玻璃砖隔墙

玻璃砖隔墙是指用木材、铝合金型材等做边框，在边框内，将玻璃砖四周的凹槽内灌注粘结砂浆，把单个玻璃砖拼装到一起而形成的隔墙。玻璃砖隔墙既有分隔作用，又有采光不穿透视线的作用，具有很强的装饰效果，属于豪华型隔墙。

1.1 空心玻璃砖隔墙材料及选用

1.1.1 空心玻璃砖的规格品种

空心玻璃砖（图5-1）是采用箱式模具压制而成的两块凹形玻璃熔接或胶结成整体的具有一个或两个空腔的玻璃制品。空腔中充以干燥空气或其他绝热材料，经退火、最后涂饰侧面而成。

空心玻璃砖规格通常为240mm×240mm×80mm和190mm×190mm×80mm，用于轻质隔墙的空心玻璃砖，砖块四周有5mm深的凹槽，按其透光和透过视线效果的不同，可分为透光透明玻璃砖、透光不透明玻璃砖、透射光定向性玻璃砖和热反射玻璃砖等。在实际工程中，厂商根据室内艺术格调及装饰造型的需要，选择不同的玻璃砖品种进行组砌。国产及进口空心砖的品种、规格和生产厂家见表5-1。

1.1.2 空心玻璃砖的主要性能

空心玻璃砖隔墙，具有良好的保温、隔声、抗压、耐磨、透光、折光、透光不透明、防火、防潮、图案精美、典雅华贵、光洁明亮、富丽堂皇、赏心悦目、品位超群等特点。可使生活空间高度艺术化。空心玻璃砖墙可用水清洗，清洁工作极为方便。空心玻璃砖既可用于全部墙体，又可局部点缀。空心玻璃砖的规格和性能见表5-2。

1.2 玻璃砖隔墙构造与施工图

1.2.1 隔墙连接构造

玻璃砖连接构造，见图5-2。

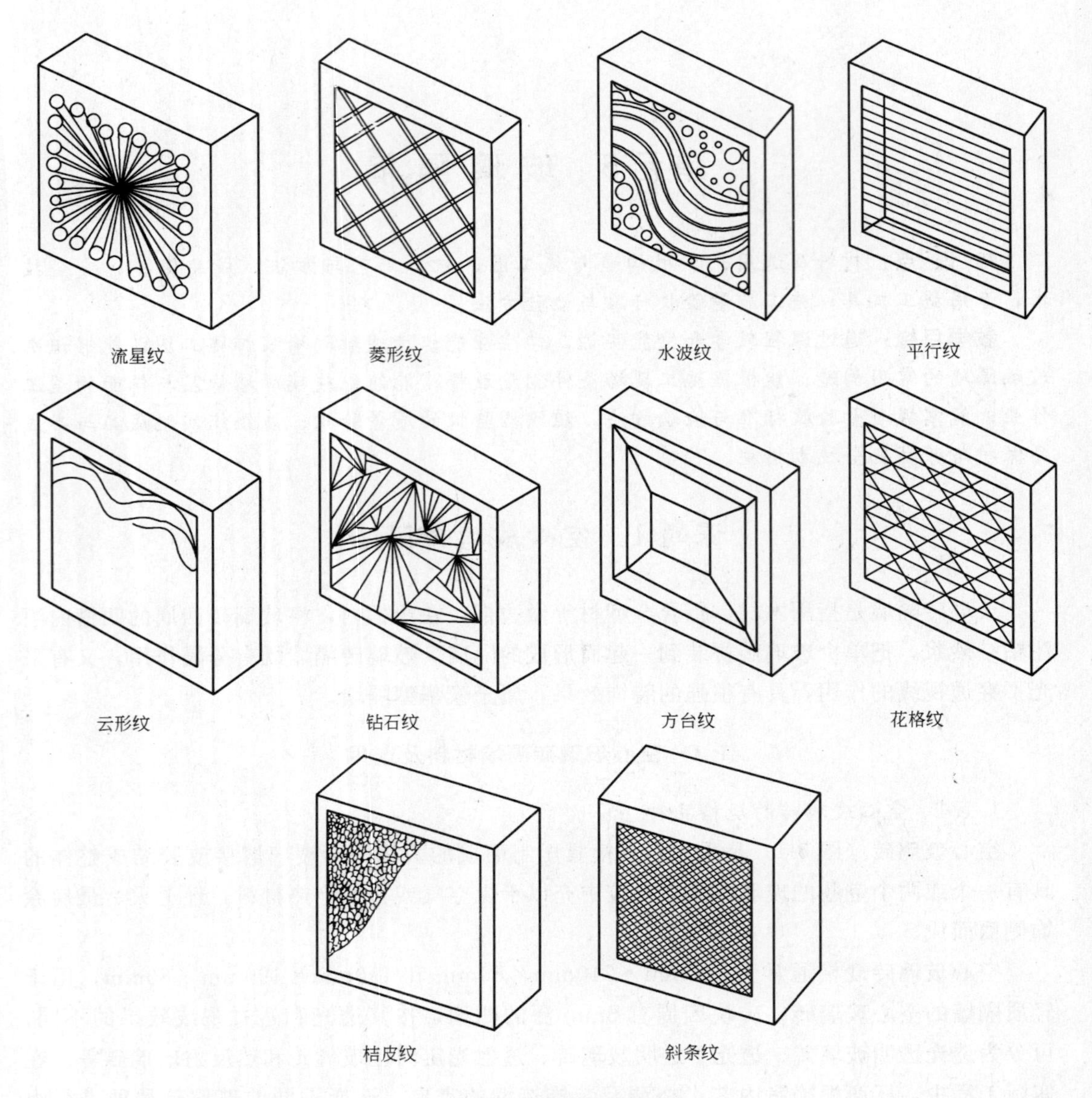

图 5-1　玻璃砖品种

国产及进口空心砖的品种、规格和生产厂家　　**表 5-1**

国产空心砖			进口空心砖	
产品品种	产品规格(mm)	生产厂家	产品规格(mm)	生产国
平行纹	190×190×80;240×240×80	鞍山市玻璃厂	196.85×196.85	美国
宽行纹	190×190×80			
透明纹	190×190×80		298.45×298.45	
凤尾纹	190×190×80			
水波纹	190×190×80		145.05×145.05	
棱形纹	190×190×80			
透明型	190×190×80		厚度统一为 98.43	
云雾纹	240×240×80			

续表

国产空心砖			进口空心砖	
产品品种	产品规格(mm)	生产厂家	产品规格(mm)	生产国
云形纹	190×190×80;240×240×80; 240×115×80	T.C.C宁波玻璃制品有限公司	115×115×80	德国
			190×190×80	
马赛克(锦砖)纹	190×190×80		240×240×80	
平行纹	190×190×80;240×240×80		ϕ190/80(圆形)	
斜格纹	190×190×80;240×240×80		194×194×60	原苏联
激光纹	190×190×80;240×240×80		194×194×98	
不规则纹	240×240×80		244×244×80	
孔羽纹	190×190×80			
水珠纹	240×240×80		244×244×98	
密平纹	190×190×80			
流星纹	190×190×80	上海兴沪玻璃砖有限公司	190×190×80	法国
云形纹	190×190×80;240×240×80; 145×145×80		190×190×100	
菱形纹	190×190×80		240×240×80	
水波纹	190×190×80;240×240×80		197×197×98	
钻石纹	190×190×80		197×146×98	
平行纹	190×190×80;145×145×80		197×146×79	
方台纹	190×190×80		240×115×80	
水波纹	240×115×80		197×197×79	
云形纹	240×115×80		300×300×100	

空心玻璃砖的规格和性能 **表 5-2**

规格(mm)			抗压强度	导热系数	单块重量	隔声	透光率
长	宽	高	(MPa)	[W/(m²·K)]	(kg)	(dB)	(%)
190	190	80	6.0	2.35	2.4	40	80
240	115	80	4.8	2.50	2.1	45	77
240	240	80	6.0	2.30	4.0	40	85
300	90	100	6.0	2.55	2.4	45	77
300	190	100	6.0	2.50	4.5	45	81
300	300	100	7.5	2.50	6.7	45	85

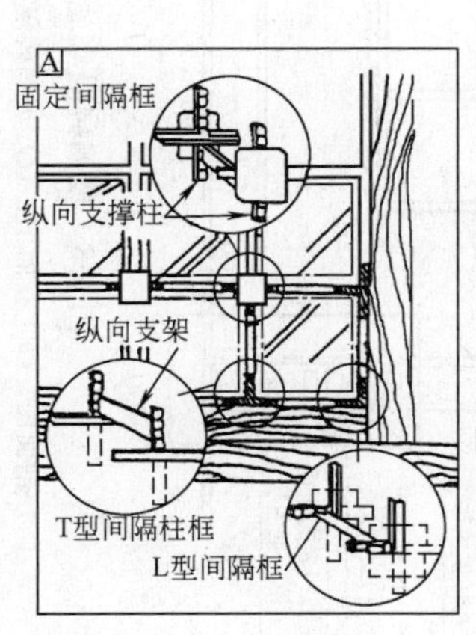

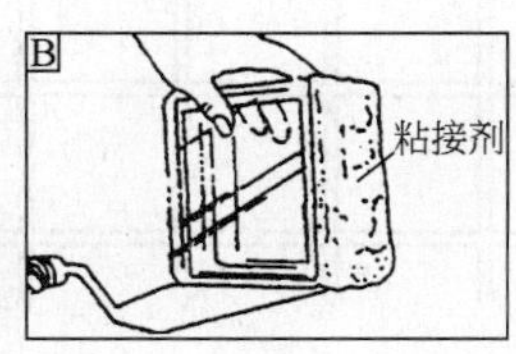

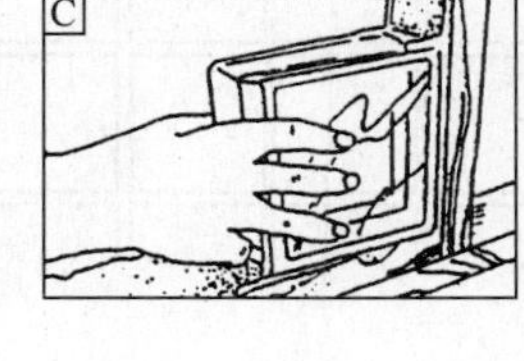

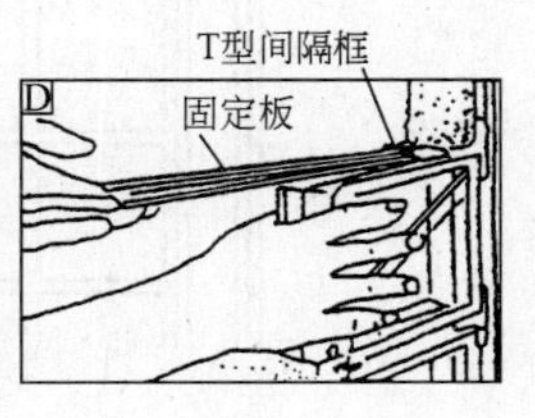

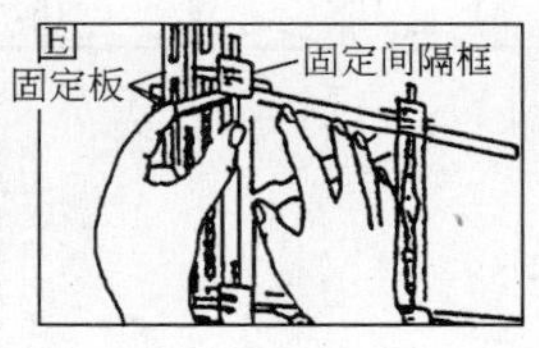

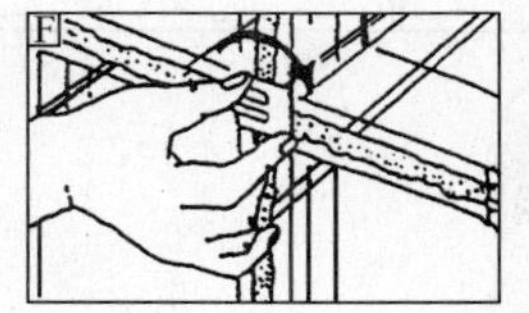

图 5-2 玻璃砖连接构造

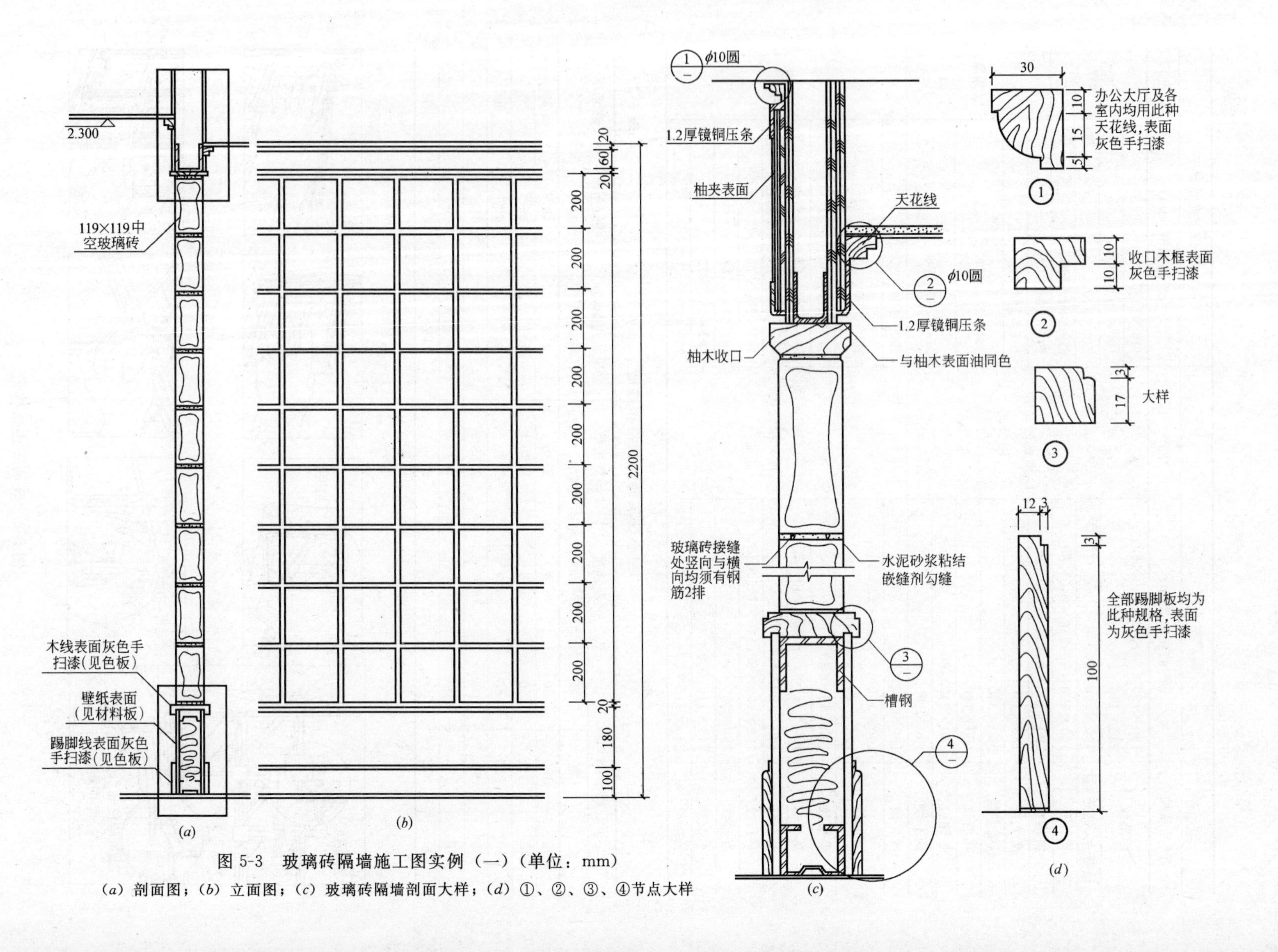

图 5-3　玻璃砖隔墙施工图实例（一）（单位：mm）

（*a*）剖面图；（*b*）立面图；（*c*）玻璃砖隔墙剖面大样；（*d*）①、②、③、④节点大样

1.2.2　隔墙与结构主体、门窗的连接构造

玻璃砖隔墙施工图实例（一），见图 5-3。

玻璃砖隔墙施工图实例（二），见图 5-4。

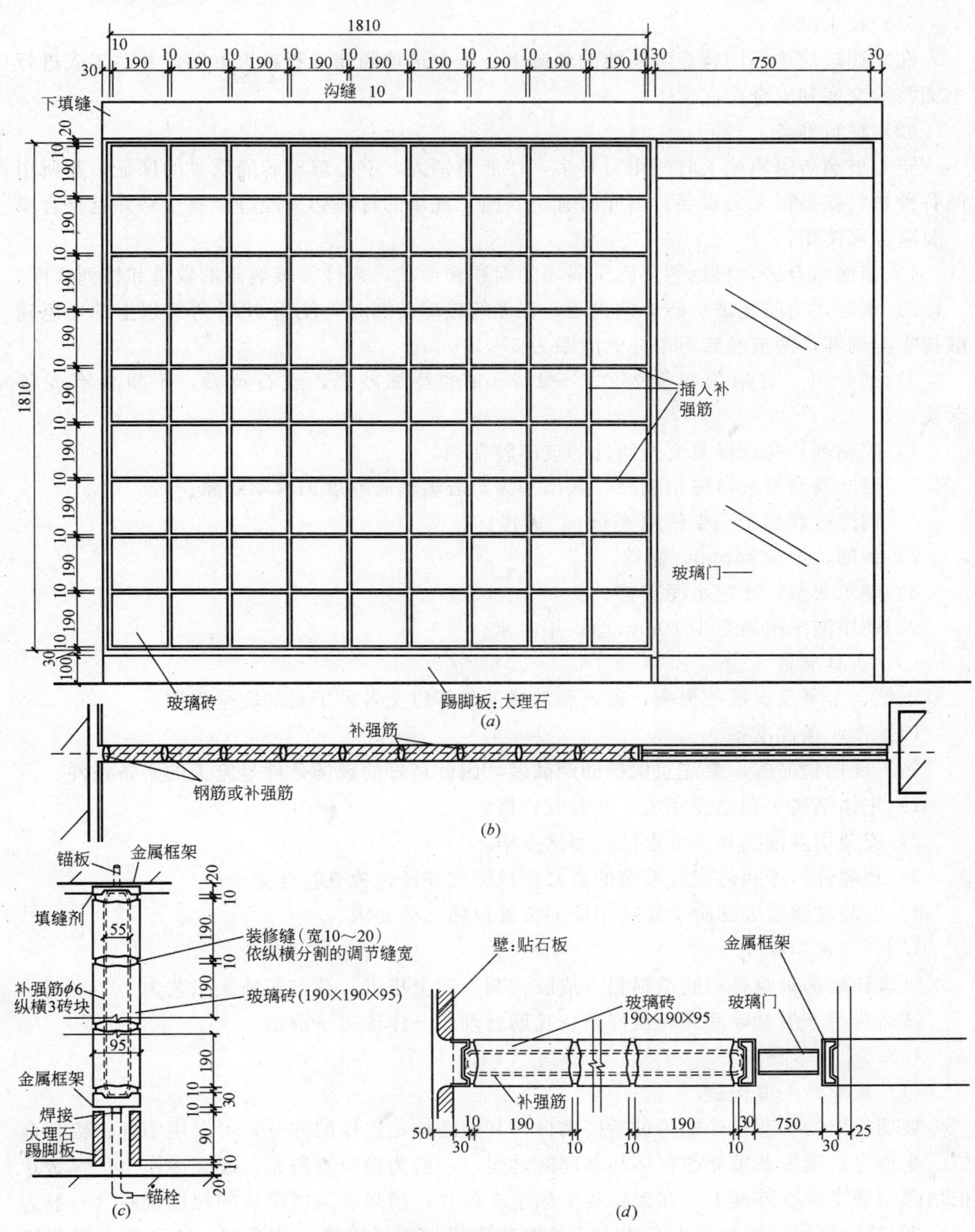

图 5-4　玻璃砖隔墙施工图实例（二）（单位：mm）

（*a*）立面图；（*b*）平面图；（*c*）剖面详图；（*d*）平面详图

1.3 玻璃砖隔墙施工工艺

1.3.1 施工准备

(1) 技术准备

在掌握玻璃产品的特点和功能的基础上，编制玻璃隔墙工程施工方案，并对工人进行书面技术交底和安全交底。

(2) 材料准备

空心玻璃砖隔墙施工时所用材料多，性能差别大，空心玻璃砖隔质量的保证，其所用的各种材料就显得尤为重要。因此所有进入施工现场的材料必须经过验收合格并且符合以下要求方可使用。

1) 玻璃组合砖，根据需要砌筑隔墙的面积和形状，来计算玻璃砖的数量和排列次序。

2) 水泥，为防止玻璃砖墙的松动，在砌筑玻璃砖墙时，使用32.5等级以上的白色硅酸盐水泥砌铺，两玻璃砖对砌缝的间距为5～10mm。

3) 细骨料，宜采用粒径为0.1～1.0mm的特细砂砾，或石英砂，不得含有泥等杂质。

4) 胶粘剂，应选择具有透明性的玻璃胶粘剂。

5) 轻金属型材或镀锌钢型材，其尺寸为空心玻璃砖厚度加滑动缝隙。

6) 钢螺栓和销子至少使用ϕ7mm，镀锌。

7) 钢筋，至少ϕ6mm，镀锌。

8) 砌筑灰浆，使用水泥灰浆。

9) 硬质泡沫塑料至少10mm厚，不吸水。

(3) 机具准备

电钻、水平尺、橡胶榔头、砌筑和勾缝工具等以及各种工具的安全使用。

(4) 作业条件准备

施工现场物品多，要注意保护的产品多，因此良好的现场条件是施工的必备条件。

1) 主体结构工程已经完成，并验收合格。

2) 安装用基准线和基准点已经测试完毕。

3) 预埋件、连接件或嵌玻璃的金属槽口完成并经过检查符合要求。

4) 安装玻璃需要的脚手架或相应的装置设施达到要求。

1.3.2 施工程序

玻璃砖墙的砌筑是用胶结材料（或胶粘剂）向上堆砌，其砌筑施工工艺为：

选砖排砖→做基础底脚→镶嵌条→扎筋→砌砖→作饰边→清洁。

1.3.3 施工要点

(1) 玻璃砖隔墙构造

玻璃砖墙的构造，外框为玻璃砖砌体与其他结构相连接的部分，可以用钢框、铝合金框、木框等；镶嵌条填充在框体与玻璃砖之间，一般为橡胶类制品，起缓冲作用；弹簧片把增强钢筋支撑在外框上，在镀锌板上固定金属片；增强筋为玻璃砖的拉接钢筋（一般为ϕ6)；砌筑砂浆用细砂和白水泥调成。玻璃砖隔墙多用于宾馆、体育馆、陈列馆、展览馆及其他公共建筑砌筑透明墙体用。

(2) 玻璃砖墙隔墙施工

玻璃砖应挑选棱角整齐，规格相同，砖的对角线基本一致，表面无裂痕、无磕碰的砖。根据弹好的玻璃砖墙位置线，排砖样，用砖缝和砖墙两端的槽钢（或木框）的厚度进行调整，以使其符合砖的模数。水平灰缝和竖向灰缝厚度一般为10～15mm，各缝应保持一致。根据玻璃砖的排列做出基础底脚，底脚通常厚度为40～70mm，即略小于玻璃砖厚度。将镶嵌条铺在基底或外框周围，放置好弹簧片，按上、下层对缝的方式，自下而上砌筑。

玻璃砖砌筑用砂浆按白水泥：细砂＝1：1（重量比）的比例调制。白水泥浆要有一定稠度，以不流淌为好。皮与皮之间应放置 $\phi 6$ 双排钢筋网，钢筋搭接位置选在玻璃砖墙中央。玻璃砖墙砌完成后，即进行表面勾缝或抹缝将墙面清扫干净。

如玻璃砖墙没有外框，则须做饰边。饰边通常有木饰边和不锈钢饰边。木饰边可根据设计要求做成各种线型。不锈钢饰边常用的有单柱饰边、双柱饰边、不锈钢板槽饰边等。

1.4 玻璃砖隔墙施工质量验收标准与检验方法

依照《建筑装饰装修工程质量验收规范》(GB 50210—2001) 的规定，在施工过程中和施工完成后，必须按照以下内容和方法对工程进行验收，以确保工程质量。玻璃隔墙工程的检查数量应符合下列规定，每个检验批应至少抽查20%，并且不得少于6间，不足6间时应全数检查。

1.4.1 主控项目内容及验收要求 (GB 50210—2001)，见表5-3。

主控项目内容及验收要求　　表5-3

项次	项目内容	质量要求	检查方法	备注(规范)
1	材料质量	玻璃隔墙工程所用材料的品种、规格、性能、图案和颜色应符合设计要求	观察;检查产品的合格证书、进场验收记录和性能检测报告	GB 50210—2001 7.5.3
2	砌筑	玻璃砖隔墙的砌筑或玻璃板隔墙的安装方法应符合设计要求	观察	GB 50210—2001 7.5.4
3	砖隔墙拉结筋	玻璃砖隔墙砌筑中埋设的拉结筋必须与基体结构连接牢固,并应位置正确	手扳检查;尺量检查;检查隐蔽工程验收记录	GB 50210—2001 7.5.5
4	安装	玻璃隔墙的安装必须牢固。玻璃板隔墙胶垫的安装应正确	观察;手推检查;检查施工记录	GB 50210—2001 7.5.6

1.4.2 一般项目内容及验收要求，见表5-4。

一般项目内容及验收要求　　表5-4

项次	项目内容	质量要求	检查方法	备注(规范)
1	表面质量	玻璃隔墙表面应色泽一致、平整洁净,清晰美观	观察	GB 50210—2001 7.5.7
2	接缝	玻璃隔墙接缝应横平竖直,玻璃应无裂痕、缺损和划痕	观察	GB 50210—2001 7.5.8
3	嵌缝及勾缝	玻璃板隔墙嵌缝及玻璃板隔墙勾缝应密实平整、均匀顺直、深浅一致	观察	GB 50210—2001 7.5.9

1.4.3 玻璃隔墙安装的允许偏差和检验方法，见表5-5。

玻璃隔墙安装的允许偏差和检验方法 表5-5

项次	项目	允许偏差(mm)		检查方法
		玻璃砖	玻璃板	
1	立面垂直度	3	2	用2m垂直检测尺检查
2	表面平整度	3	—	用2m靠尺和塞尺检查
3	阴阳角方正	—	2	用直角检测尺检查
4	接缝直线度	—	2	拉5m线，不足5m拉通线，用钢直尺检查
5	接缝高低差	3	2	用钢直尺和塞尺检查
6	接缝宽度	—	1	用钢直尺检查

在依照规范进行质量验收时，不仅要进行现场的验收，同时也要认真查阅与工程相关的所有资料，其中质量验收文件是主要内容之一。玻璃隔墙工程的质量验收文件主要由以下文件组成：

（1）玻璃砖隔墙工程的施工图、设计说明及其他设计文件；

（2）材料的产品合格证书、性能检测报告、进场验收记录和复验报告；

（3）隐蔽工程验收记录；

（4）施工记录；

（5）质量验收记录表，见表5-6。

质量验收记录表 表5-6

分部(子分部)工程名称				验收部位	
施工单位				项目经理	
分包单位				分包项目经理	
施工执行标准及编号					
施工质量验收规范的规定			施工单位检查评定记录	监理(建设)单位验收记录	
主控项目	1	材料质量	GB 50210—2001 7.5.3		
	2	砌筑	GB 50210—2001 7.5.4		
	3	砖隔墙拉结筋	GB 50210—2001 7.5.5		
	4	安装	GB 50210—2001 7.5.6		
一般项目	1	表面质量	GB 50210—2001 7.5.7		
	2	接缝	GB 50210—2001 7.5.8		
	3	嵌缝及勾缝	GB 50210—2001 7.5.9		
	4	允许偏差	GB 50210—2001 7.5.10		
施工单位检查评定结果	专业工长(施工员)			施工班组长	
	项目专业质量检查员：				年 月 日
监理(建设)单位验收结论	专业监理工程师(建设单位项目专业技术负责人)：				年 月 日

1.5 玻璃砖隔墙施工安全技术

由于建筑工程产品的特殊性，无论是在施工过程中还是施工结束以后，都要注意建筑工程质量和功能的保护以及施工人员的健康和安全。所以在施工期间，要求在以下三个方面严格遵守国家法律法规、条例，确保各项工作顺利进行。

1.5.1 成品保护

(1) 玻璃砖隔墙清洁后，粘贴不干胶条作出的醒目的标志，防止碰撞。

(2) 粘贴不干胶保护膜或者用其他相应的方法对边框保护，防止其他工序对边框造成损坏或者污染。

(3) 经常有人通过的玻璃砖隔墙，应该设硬性围栏，防止人员以及物品碰损隔墙。

1.5.2 安全管理措施

(1) 施工现场必须工完场清。设立专人洒水、打扫等。

(2) 有噪声的电动工具应在规定的作业时间内施工，防止噪声污染环境。

(3) 工人施工时应戴好安全帽，注意防火。

(4) 电工作业必须经专业安全技术培训，考核合格，持证上岗。施工用电设备加装漏电保护装置，发现问题立即修理。非电工禁止操作机电设备。

(5) 搬运玻璃砖应戴手套，或者用布、纸垫着玻璃，将手及身体裸露部分隔开。

(6) 施工时现场保持良好通风。

1.5.3 注意问题

(1) 弹线定位时应检查房间的方正、墙面的垂直度、地面的平整度以及标高。应考虑墙、地面、吊顶的做法和厚度，以保证安装玻璃隔断的质量。

(2) 框架应与结构连接牢固，四周与墙体接缝用弹性密封材料填充密实，保证不渗漏。

(3) 玻璃砖在安装和搬运过程中，避免碰撞，并带有防护装置。

(4) 采用吊挂式结构形式时，必须事先反复检查，以确保夹板夹牢或粘结牢固。

(5) 玻璃砖对接缝处应使用结构胶，并严格按照结构胶生产厂家的规定使用，玻璃周边应采用机械倒角磨光。

(6) 嵌缝橡胶密封条应具有一定的弹性，不可使用再生橡胶制作的密封条。

课题2 玻璃板隔墙

2.1 玻璃板隔墙材料及选用

2.1.1 玻璃板隔墙骨架材料

玻璃板隔墙中主要是用骨架材料来固定和镶装玻璃的。玻璃板隔墙中骨架材料一般有木骨架和金属骨架两种类型。

(1) 木骨架

玻璃板隔墙中的木骨架一般采用硬木制作的框架。木骨架材料的含水率应不大于25%，通风条件较差的木骨架材料含水率应不大于20%。当采用马尾松、木麻黄、桦木、杨木等易腐朽和虫蛀的树种时，整个构件应作防腐、防虫药剂处理。还应符合《建筑设计防火规范》GBJ 16—87（2001 年版）的规定和设计要求。

玻璃板隔墙常见的有带墙裙玻璃木隔墙、带窗台板的玻璃木隔断、落地玻璃木隔墙和高窗玻璃木隔墙。木骨架的尺寸一般按照隔墙工程的设计图纸而定。断面的一般规格有(mm)：50×75，55×65，55×70，55×75，55×85，60×75，65×85 等。

玻璃板隔墙中的木骨架容易就地取材、价格便宜、易加工，可根据实际需要决定木骨架的断面尺寸。用木结构作为骨架材料，玻璃隔墙的安全性能得到充分的保障。

(2) 金属骨架

金属骨架玻璃隔墙是较常见的隔墙形式，金属骨架有铝合金型材和不锈钢型材两种。用于玻璃板隔墙骨架材料的铝合金型材有铝合金管材（如：正方管和矩形管）、等边角铝型材、不等边角铝型材、槽形铝型材四种。不锈钢型材除与铝合金型材有相同规格型材外，还具有圆柱形不锈钢型材。金属骨架型材规格尺寸详见各厂家的产品样本。

金属骨架型材具有强度高、耐腐蚀、耐久性好、工业化程度高、施工简易等特点。

2.1.2 平板玻璃

(1) 平板玻璃的规格品种

普通平板玻璃也称单光玻璃、净片玻璃，简称玻璃，是未经研磨加工过的平板玻璃。主要用于装配门窗、玻璃隔墙隔断，起透光、透视、挡风和保温的作用。使用中要求有良好的透明度和表面平整无缺陷，普通平板玻璃是轻质玻璃隔墙工程中最常用的玻璃。

玻璃隔墙常用玻璃材料品种有：平板玻璃、茶色平板玻璃、蓝色平板玻璃、压花玻璃、磨砂玻璃、刻花玻璃、夹丝玻璃、压花玻璃、压花真空镀铝玻璃、立体感压花玻璃、彩色膜压花玻璃等。平板玻璃的规格、品种很多，在轻质玻璃隔墙工程中，常根据隔墙使用的环境和用途的要求，选用不同规格品种的玻璃。

平板玻璃的长度有：800、900、1000、1050、1100、1200、1250、1400、1500、1600、1800、2000、2200、2400、2500、2900、3300mm 等。

平板玻璃的宽度有：600、700、750、800、900mm 等。

平板玻璃的厚度有：2、3、4、5、6、8、10、12、15、19mm 等。

普通平板玻璃的规格尺寸见表 5-7。

普通平板玻璃的规格尺寸 　　表 5-7

按面积分类		按厚度分类			按外观质量分类	备注
类别	面积(m²)	厚度	长宽尺寸(mm)			
1	0.120～0.400	2mm	宽	300～900	特选品	1. 在长度尺寸范围内，每隔50mm 为一进位，但长度不能超过宽度的 2.5 倍
2	0.405～0.600		长	400～1200		
3	0.605～0.800	3mm	宽	300～900		
4	0.805～0.400		长	400～1600		
5	1.005～1.200					
6	1.205～1.500	5mm	宽	400～1600	一等品	
7	1.505～2.000		长	600～2000		
8	2.005～2.500					
9	2.505～3.200	6mm	宽	400～1800	二等品	2. 凡不属于经常生产的尺寸，宽度超出以范围的均属特殊规格
10	3.205～4.000		长	600～2200		
11	4.505 以上					

普通平板玻璃的计量单位为标准箱和重量箱。厚度为 2mm 的平板玻璃，每 $10m^2$ 为一标准箱，以标准箱的重量称重量箱，为 50kg。其他厚度玻璃按玻璃标准箱和重量箱折合计算。

(2) 平板玻璃的主要性能

玻璃具有透光、隔声、保温、绝缘等特点，有些玻璃具有特殊的装饰功能。玻璃又是一种抗压强度高（为 196～490MPa）、抗弯强度小、脆性大的材料，其抗弯强度仅为抗压强度的 1/10。玻璃的堆密度与混凝土接近，约 $2500kg/m^3$，摩氏硬度为 5 度以上。玻璃耐酸性能非常好，碱溶液能破坏玻璃表面，但作用不强，进展缓慢，对透光率有较大影响。玻璃的最大缺点是脆性大、抗拉强度低、急冷急热时易破裂。平板玻璃的光学和热工性能见表 5-8。

平板玻璃的光学和热工性能 **表 5-8**

厚度 (mm)	可见光线		太阳放射			遮蔽	日射透过率(n)				导热系数	
	反射率 (%)	透过率 (%)	反射率 (%)	透过率 (%)	吸收率 (%)	系数 (SC 值)	遮阳				遮帘	
							无	明色	中间色	暗色	无	有
3	7.9	90.3	7.6	85.1	7.3	1.00	0.88	0.47	0.57	0.70	6.45	5.047
4	7.9	89.9	7.5	83.1	9.4	0.99						
5	7.9	89.9	7.4	80.9	11.7	0.97	0.85	0.47	0.56	0.65	6.34	4.99
6	7.8	88.8	7.3	79.0	13.7	0.96	0.84	0.47	0.55	0.64	6.28	4.94
8	7.7	87.8	7.1	75.31	17.6	0.93	0.82	0.46	0.54	0.62	6.16	4.88
10	7.7	86.8	6.9	71.9	21.2	0.91	0.79	0.45	0.53	0.61	6.07	4.81
12	7.6	85.9	6.8	68.8	24.4	0.88	0.78	0.44	0.52	0.59	5.98	4.76
15	7.5	84.6	6.6	64.5	28.9	0.85	0.79	0.43	0.50	0.57	5.83	4.66
19	7.4	82.8	82.8	59.4	34.3	0.82	0.82	0.41	0.47	0.54	5.65	4.55

2.2 玻璃板隔墙构造与施工图

2.2.1 隔墙连接构造

金属龙骨玻璃隔墙“T、L”形水平连接节点，见图 5-5。

金属龙骨玻璃隔墙“Y”形水平连接节点，见图 5-6。

2.2.2 隔墙与结构主体、门窗的连接构造

金属龙骨玻璃隔墙与结构主体连接节点，见图 5-7 ，图 5-8。

金属龙骨玻璃隔墙与门的连接节点，见图 5-9。

2.3 玻璃板隔墙施工工艺

2.3.1 施工准备

(1) 技术准备

在熟悉玻璃的品种、规格、性能等特点的基础上，编制玻璃隔墙工程施工方案，并对技术人员和工人进行书面技术交底和安全交底。特别注意产品和半成品的保护、贮存和施工工艺。

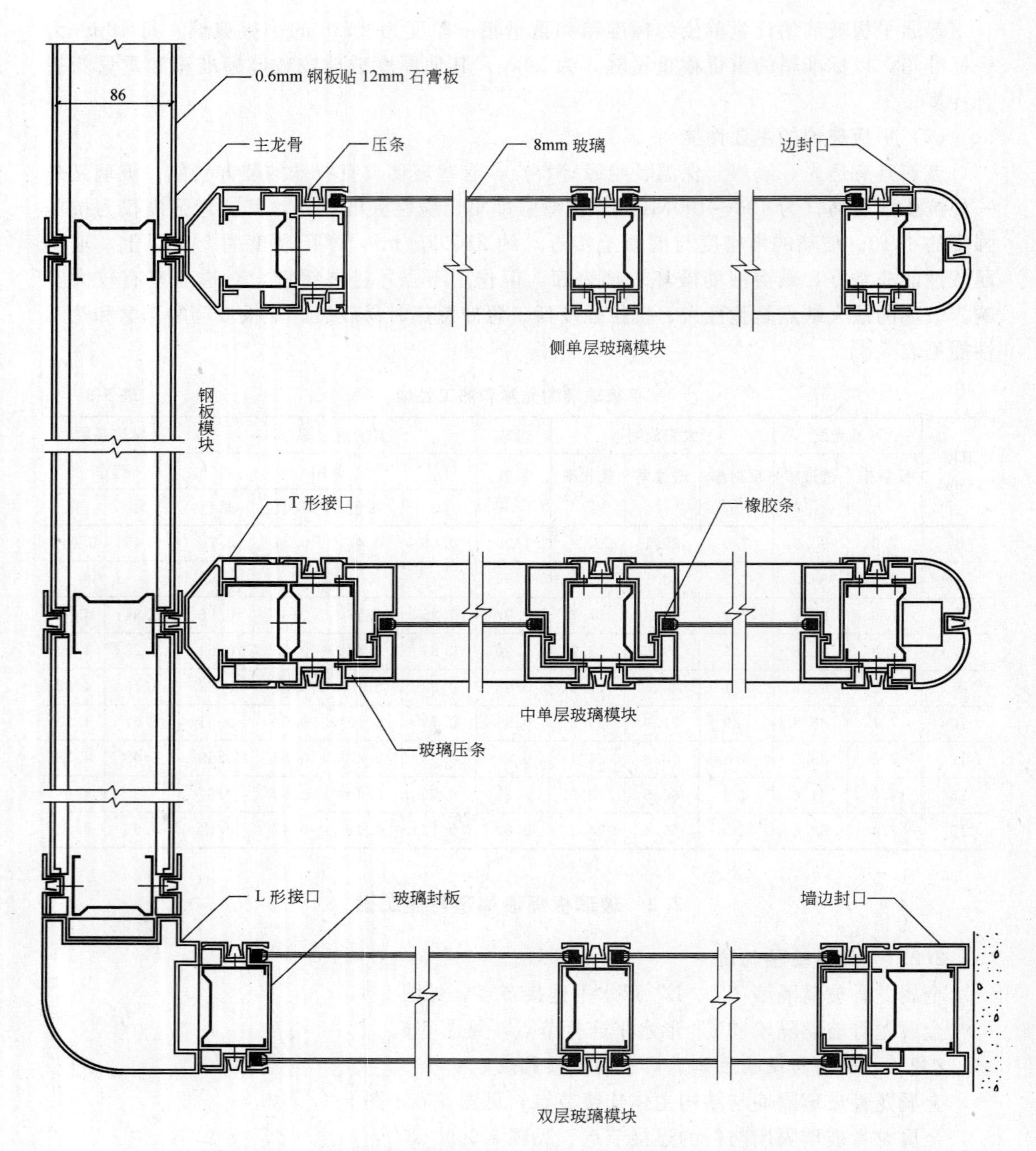

图 5-5　金属龙骨玻璃隔墙“T、L”形水平连接节点（单位：mm）

（2）材料准备

建筑工程质量的保证，其所用材料是关键因素之一。因此所有进入施工现场的材料必须经过验收合格并且符合以下要求方可使用。

1）玻璃板隔墙工程所有的玻璃的品种、规格、性能、图案和颜色应符合设计要求，玻璃板隔墙应使用安全玻璃。

2）玻璃板隔墙使用的铝合金框、不锈钢框、型钢、槽钢以及轻钢薄壁槽钢，支撑吊

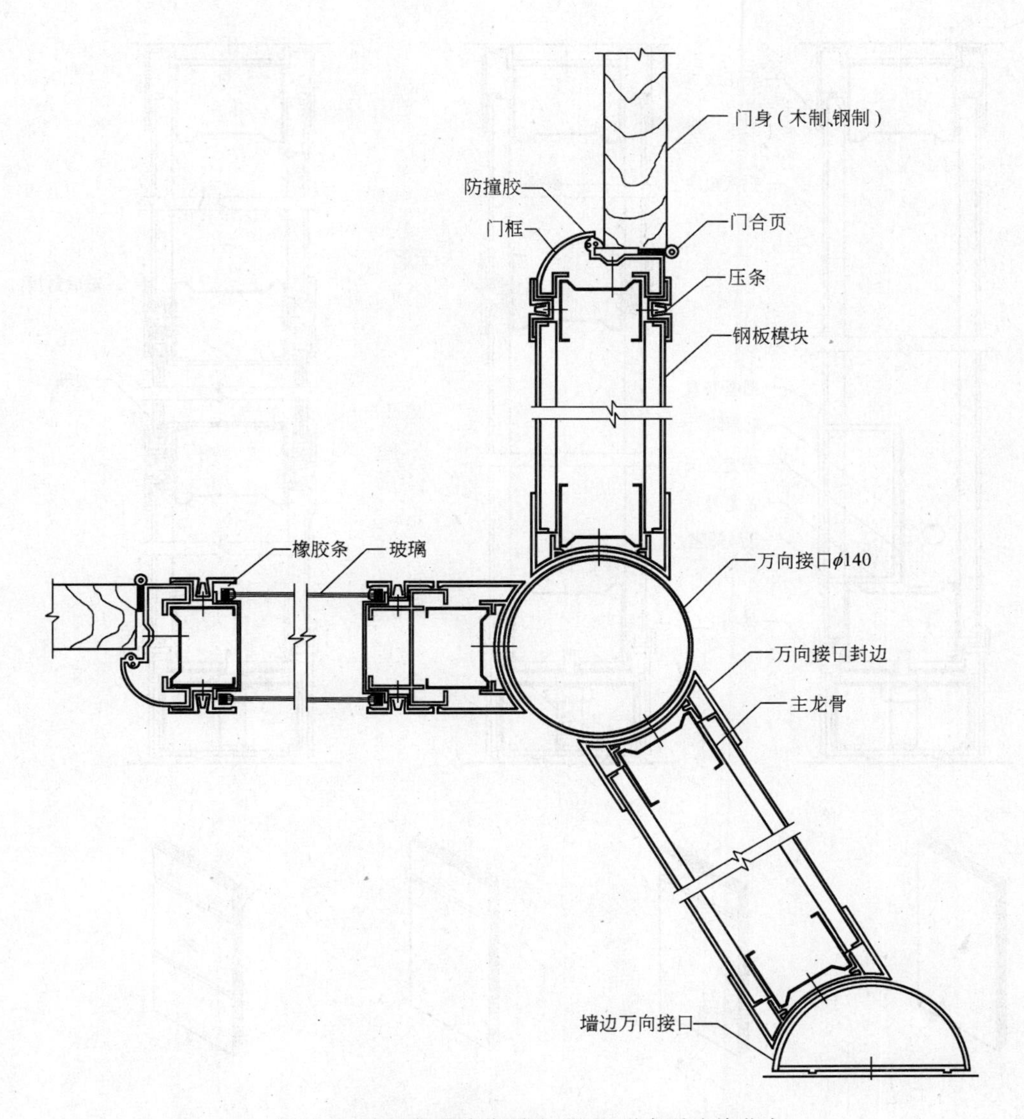

图 5-6　金属龙骨玻璃隔墙“Y”形水平连接节点

架等金属材料和配套材料应符合设计要求和有关的规定。如使用木龙骨，必须进行防火处理，达到防火规范的要求，直接接触结构的木龙骨应预先刷防腐漆。

3）使用的膨胀螺栓、玻璃支撑垫块、橡胶配件、金属配件、结构密封胶等材料，应符合设计要求和有关的规定标准。

（3）机具准备

电焊机、冲击电钻、手电钻、切割机、线锯、玻璃吸盘、小钢锯、直尺、水平尺、卷尺、手锤、螺钉旋具、靠尺、注胶枪等以及各种工具的安全使用。

（4）作业条件准备

施工现场物品多，要注意保护的产品半成品多，因此良好的现场条件是确保质量和安全施工的必备条件。

1）主体结构工程已经完成，并验收合格。

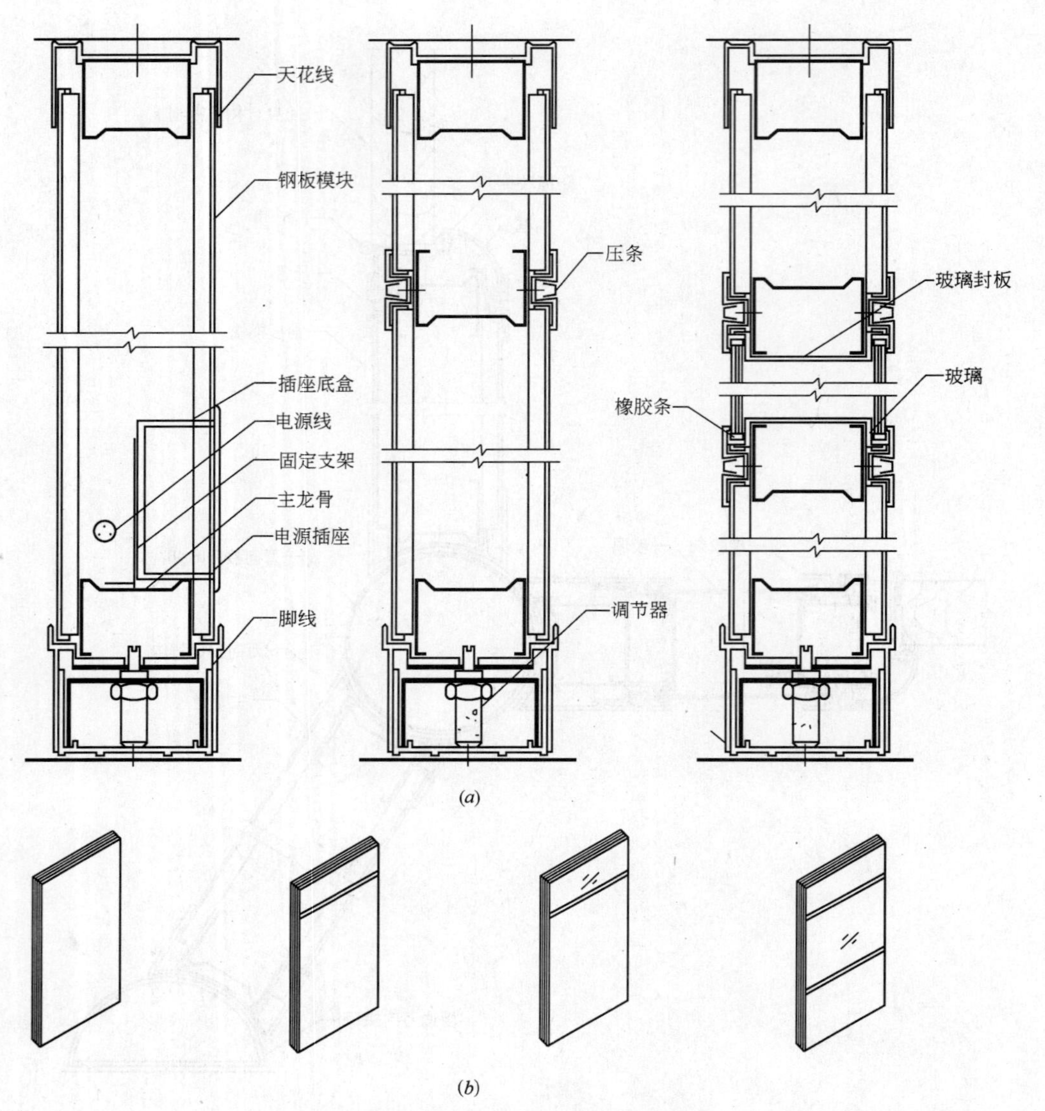

图 5-7　金属龙骨玻璃隔墙与结构主体连接节点（一）

(a) 剖面图；(b) 模块形式

2）安装用基准线和基准点已经测试完毕。

3）预埋件、连接件或嵌玻璃的金属槽口已完成并经过检查符合要求。

4）安装玻璃需要的脚手架或相应的装置设施达到要求。

5）安装前指定相应的安装措施并经过专业人员认可，安装大片玻璃时必须有专业人员指导。

2.3.2　施工程序

弹线定位→框料下料、组装→固定框架、安装固定玻璃的型钢边框→安装玻璃→嵌缝打胶→边框装饰→清洁。

2.3.3　施工要点

（1）弹线定位

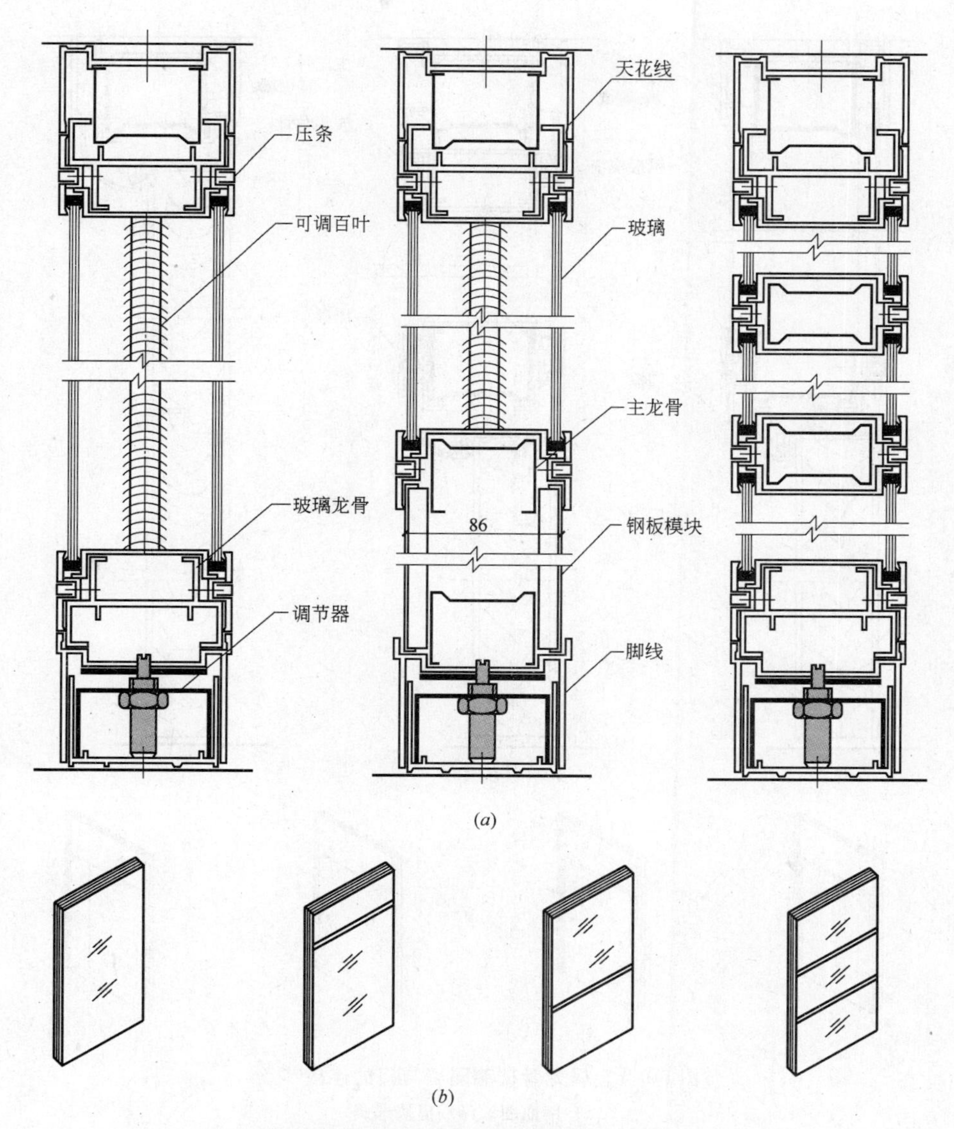

图 5-8　金属龙骨玻璃隔墙与结构主体连接节点（二）

(*a*) 剖面图；(*b*) 模块形式

先弹出地面位置线，再用垂直线法弹出墙、柱上的位置线、高度线和沿顶位置线。有框玻璃墙标出竖框间隔位置和固定点位置；无竖框玻璃隔墙应核对已经作好的预埋铁件的位置是否正确或者划出金属膨胀螺栓位置。

(2) 框料下料、组装

1) 下料

有框玻璃隔墙型材划线下料时先符合现场实际尺寸，如果实际尺寸与施工图尺寸误差大于 5mm 时，应按实际尺寸下料。如果有水平横档，则应以竖框的一个端头为准，划出横档位置线，包括连接部位的宽度，以保证连接件安装位置准确和横档在同一水平线上，下料应使用专用工具（如型材切割机），保证切口光滑、整齐。

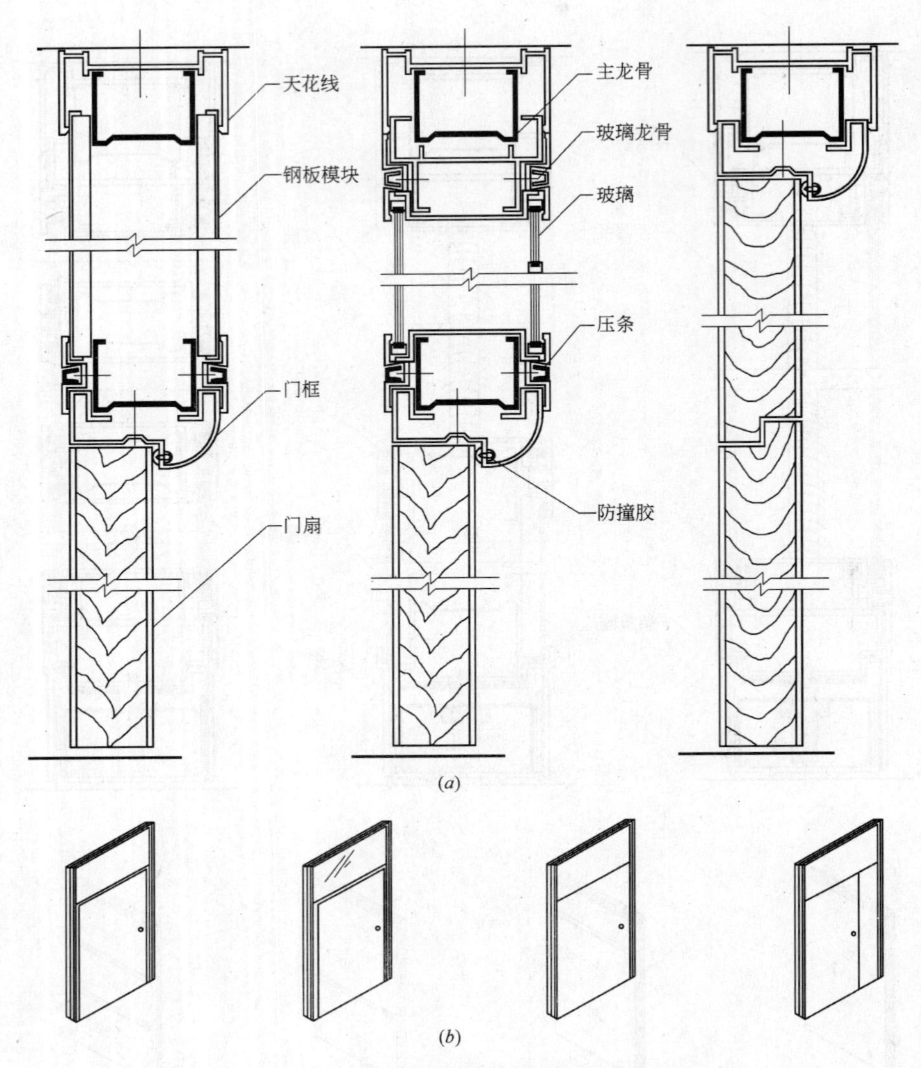

图 5-9　金属龙骨玻璃隔墙与门的连接节点

(*a*) 剖面图；(*b*) 模块形式

2）组装

组装铝合金玻璃隔墙的框架可以采用以下方法：隔墙面积较小时，先在平坦的地面上预制组装成型，再整体安装固定；隔墙面积较大时，则直接将隔墙的沿地、沿顶型材，靠墙以及中间位置的竖向型材按划线位置固定在墙、地、顶上。采用后者时，通常是从隔墙框架的一端开始，先将靠墙的竖向型材与铝角固定，再将横向型材通过铝角与竖向型材连接。铝角安装方法是，先在铝角件上打出 ϕ3mm 或者 ϕ4mm 的两个孔，孔中心距离铝角件端头 10mm，然后用以截型材（截面形状以及尺寸与竖向型材相同）放在竖向型材划线位置，将已经钻孔的铝角件放入这一截型材内，把握住小型材，位置不得丝毫移动，并用手电钻按角铝件上的孔位置在竖向型材上打出相同的孔，然后用 M4 或者 M5 自攻螺钉将铝角件固定在竖向型材上。

(3) 固定框架、安装固定玻璃的型钢边框铝合金框架与墙、地面固定可以通过铁角件完成。首先，按隔墙位置线，在墙、地面上设置金属胀铆螺栓，同时在竖向、横向型材的相应位置固定铁角件，然后连接好铁角件的框架固定在墙上或地面上。

对于无竖框架的玻璃隔墙，当结构施工没有预埋铁件，或者预埋铁件位置已不符合要求时，则应首先设置膨胀螺栓，然后将型钢（角钢或者槽钢）按已经弹好的位置线安装好。在检查无误后，随即与预埋铁件或者膨胀螺栓焊接牢靠。型钢材料在安装前应刷好防锈蚀涂料，焊接好后在焊接处再补刷防锈漆。

当面积比较大的玻璃隔墙采用吊挂式安装时，应先在建筑结构梁或者板下作出吊挂玻璃的支撑架并且安装好吊挂玻璃的夹具以及上框。设计有要求时，按照设计要求施工，设计无要求时，夹具距离玻璃边的距离为玻璃宽度的1/4，其上框位置为吊顶标高。

（4）安装玻璃

玻璃就位　在边框安装好后，先将其槽口清理干净，槽口内不得有垃圾和积水，并垫好防振橡胶垫块。用2～3个玻璃吸盘把玻璃吸牢，由2～3人手握吸盘同时抬起玻璃，先将玻璃竖着插入上框槽口内，然后轻轻垂直落下，放入下框槽口内。如果是吊挂式安装，在将玻璃送入上框时，还应将玻璃放入夹具中。

调整玻璃位置　先将靠墙（或柱子）的玻璃就位，使其插入贴墙（柱子）的边框槽口内，然后安装中间部位的玻璃，两块玻璃之间接缝时应留2～3mm缝隙或留出与玻璃稳定器（玻璃肋）厚度相同的缝。此缝是专为打胶而准备的，因此，玻璃下料时应计算留缝隙宽度尺寸。如果采用吊挂式安装，这时应用吊挂玻璃的夹具逐块将玻璃夹牢。对于有框玻璃隔墙，用压条或者槽口条在玻璃两侧位置夹住玻璃并用自攻螺钉固定在框架上。

（5）嵌缝打胶

玻璃全部就位后，校正平整度、垂直度，同时用聚苯乙烯泡沫嵌条嵌入槽口内使玻璃与金属槽结合平伏、紧密，然后打硅酮结构胶。注胶时操作顺序应从缝隙的端头开始，一只手托住注胶枪，另一只手均匀用力握挤，同时顺缝隙移动的速度也要均匀，将结构胶均匀的注入缝隙中。注满后随即用塑料片在玻璃的两面刮平玻璃胶，并用棉纱或者布擦除溢到玻璃表面的胶迹。

（6）边框装饰

无竖框玻璃隔墙的边框嵌入墙、柱和地面的饰面层中时，此时，只要按相关部位施工方法精细加工墙、柱面或地面的装饰面层即可。如果边框不是嵌入墙、柱子、地面时，则按设计要求对边框进行装饰。

（7）清洁

玻璃板隔墙安装好后，用棉纱和清洁剂清洁玻璃面的胶迹和污痕。

2.4　玻璃板隔墙施工质量验收标准与检验方法

依照《建筑装饰装修工程质量验收规范》（GB 50210—2001）的规定，在施工过程中和施工完成后，必须按照以下内容和方法对工程进行验收，以确保工程质量。玻璃隔墙工程的检查数量应符合下列规定，每个检验批应至少抽查20%，并且不得少于6间，不足6间时应全数检查。

2.4.1 主控项目内容及验收要求（GB 50210—2001），见表5-9。

主控项目内容及验收要求 表5-9

项次	项目内容	质量要求	检查方法	备注（规范）
1	材料质量	玻璃隔墙工程所用材料的品种、规格、性能、图案和颜色应符合设计要求。玻璃板隔墙应使用安全玻璃	观察；检查产品的合格证书、进场验收记录和性能检测报告	GB 50210—2001 7.5.3
2	砌筑	玻璃板隔墙的安装方法应符合设计要求	观察	GB 50210—2001 7.5.4
3	玻璃板隔墙安装	玻璃板隔墙的安装必须牢固。玻璃板隔墙胶垫的安装应正确	观察；手扳检查；检查施工记录	GB 50210—2001 7.5.6

2.4.2 一般项目内容及验收要求，见表5-10。

一般项目内容及验收要求 表5-10

项次	项目内容	质量要求	检查方法	备注（规范）
1	表面质量	玻璃隔墙表面应色泽一致、平整洁净，清晰美观	观察	GB 50210—2001 7.5.7
2	接缝	玻璃隔墙接缝应横平竖直，玻璃应无裂痕、缺损和划痕	观察	GB 50210—2001 7.5.8
3	嵌缝及勾缝	玻璃板隔墙嵌缝及玻璃板隔墙勾缝应密实平整、均匀顺直、深浅一致。	观察	GB 50210—2001 7.5.9

2.4.3 玻璃板隔墙安装的允许偏差和检验方法，见表5-11。

玻璃板隔墙安装的允许偏差和检验方法 表5-11

项次	项目	允许偏差（mm）		检查方法
		玻璃砖	玻璃板	
1	立面垂直度	3	2	用2m垂直检测尺检查
2	表面平整度	3	—	用2m靠尺和塞尺检查
3	阴阳角方正	—	2	用直角检测尺检查
4	接缝直线度	—	2	拉5m线，不足5m拉通线，用钢直尺检查
5	接缝高低差	3	2	用钢直尺和塞尺检查
6	接缝宽度	—	1	用钢直尺检查

在依照规范进行质量验收时，不仅要进行现场的验收，同时也要认真查阅与工程相关的所有资料，其中质量验收文件是主要内容之一。玻璃板隔墙工程的质量验收文件主要由以下文件组成：

（1）玻璃板隔墙工程的施工图、设计说明及其他设计文件；

（2）材料的产品合格证书、性能检测报告、进场验收记录和复验报告；

（3）隐蔽工程验收记录；

（4）施工记录；

（5）质量验收记录表，见表5-12。

质量验收记录表 **表5-12**

分部（子分部）工程名称				验收部位	
施工单位				项目经理	
分包单位				分包项目经理	
施工执行标准及编号					
施工质量验收规范的规定				施工单位检查评定记录	监理（建设）单位验收记录
主控项目	1	材料质量	GB 50210—2001 7.5.3		
	2	砌筑	GB 50210—2001 7.5.4		
	3	玻璃板隔墙安装	GB 50210—2001 7.5.6		
一般项目	1	表面质量	GB 50210—2001 7.5.7		
	2	接缝	GB 50210—2001 7.5.8		
	3	嵌缝及勾缝	GB 50210—2001 7.5.9		
	4	允许偏差	GB 50210—2001 7.5.10		
施工单位检查评定结果	专业工长（施工员）			施工班组长	
	项目专业质量检查员： 年 月 日				
监理（建设）单位验收结论	专业监理工程师（建设单位项目专业技术负责人）： 年 月 日				

2.5 玻璃板隔墙施工安全技术

由于建筑工程产品的特殊性，无论是在施工过程中还是施工结束以后，都要注意建筑工程质量和功能的保护以及施工人员的健康和安全。所以在施工期间，要求在以下三个方面严格遵守国家法律法规、条例，确保各项工作顺利进行。

2.5.1 成品保护

（1）玻璃板隔墙清洁后，粘贴不干胶条作出的醒目的标志，防止碰撞。

（2）粘贴不干胶保护膜或者用其他相应的方法对边框保护，防止其他工序对边框造成损坏或者污染。

（3）经常有人通过的玻璃板隔墙，应该设硬性围栏，防止人员以及物品碰损隔墙。

2.5.2　安全管理措施

（1）施工现场必须工完场清。设立专人洒水、打扫等等。

（2）有噪声的电动工具应在规定的作业时间内施工，防止噪声污染环境。

（3）工人施工时应戴好安全帽，注意防火。

（4）电工作业必须经专业安全技术培训，考核合格，持证上岗。施工用电设备加装漏电保护装置，发现问题立即修理。非电工禁止操作机电设备。

（5）搬运玻璃板应戴手套，或者用布、纸垫着玻璃，将手及身体裸露部分隔开。散装玻璃运输必须采用专门夹具（架）。玻璃应直立堆放，不得水平堆放。

（6）安装玻璃板所用工具应放入工具袋内，严禁将铁钉含在口内。

（7）施工时现场保持良好通风。

2.5.3　注意问题

（1）弹线定位时应检查房间的方正、墙面的垂直度、地面的平整度以及标高。考虑墙、地面、吊顶的做法和厚度，以保证安装玻璃板隔断的质量。

（2）框架应与结构连接牢固，四周与墙体接缝用弹性密封材料填充密实，保证不渗漏。

（3）玻璃板在安装和搬运过程中，避免碰撞，并带有防护装置，在竖起玻璃时，避免站在玻璃倒向的下方。

（4）采用吊挂式结构形式时，必须事先反复检查，以确保夹板夹牢或粘结牢固。

（5）玻璃板周边应采用机械倒角磨光。

（6）嵌缝橡胶密封条应具有一定的弹性，不可使用再生橡胶制作的密封条。

（7）玻璃板应整包装箱运到安装位置，然后开箱，以保证运输安全。

（8）加工玻璃前应计算好玻璃板的尺寸，并考虑留缝、安装以及加垫等因素对玻璃加工尺寸的影响。

（9）普通玻璃板一般情况下可用清水清洗，如有油污，可用液体溶剂先将油污洗掉，然后再用清水擦洗。镀膜玻璃可用清水清洗，灰污严重时应先用液体中性洗涤剂、酒精等将灰污洗掉，然后再用清水清洗。此时不能用材质太硬的清洁工具或者含有磨料微粒以及酸性、碱性较强的洗涤剂，在清洗其他装饰面时，不要将洗涤剂洒落到镀膜玻璃的表面上。

课题 3　玻璃砖隔墙训练作业

训练 1　空心玻璃砖材料鉴别

（1）目的：掌握常用空心玻璃砖的品种、规格及现场质量的鉴别。

（2）要求：能鉴别常用空心玻璃砖的品种和外观质量缺陷。

（3）准备：不同类别、不同规格、不同品种、不同质量等级的空心玻璃砖。

（4）步骤：先鉴别空心玻璃砖的品种、规格等，后鉴别各种空心玻璃砖的质量缺陷。

（5）注意事项：空心玻璃砖品种宜选用不同产地和厂家的产品进行训练。

训练 2　绘制空心玻璃砖隔墙构造详图

（1）目的：熟悉空心玻璃砖隔墙的节点构造及一般做法。

（2）要求：能绘制典型空心玻璃砖隔墙的构造详图。

（3）准备：由教师选择现成的成套空心玻璃砖隔墙中平面、立面图，或由专业教师根据训练要求自行设计绘制的平面、立面图。

（4）步骤：先确定典型空心玻璃砖隔墙的平、立面基本尺寸，然后绘制空心玻璃砖隔墙节点详图。

（5）注意事项：宜选择常见的空心玻璃砖规格，并在平、立面图中设有门、洞的空心玻璃砖隔墙作为训练内容。

思考题与习题

1. 空心玻璃砖常见的有哪些规格品种？
2. 空心玻璃砖有哪些主要性能？
3. 玻璃板骨架材料一般有哪几种？具有什么特点？
4. 常见的玻璃板的规格品种有哪些？
5. 如何保证玻璃隔墙的安全和清洁？

单元 6　轻质砌块隔墙

（国家建筑设计标准 03J114）

知 识 点：材料及选用；常用构造与施工图；施工工艺与方法；成品保护；安全技术；专用施工机具；施工质量验收标准与检验方法。

教学目标：通过课程教学和技能实训，学生应能识读轻质砌块隔墙装饰施工图；能够识别轻质砌块隔墙的常用构造；能根据施工现场条件测量放样；能组织轻质砌块隔墙基层与饰面的施工作业；能掌握质量验收标准与检验方法，组织检验批的质量验收；能组织实施成品与半成品保护与劳动安全技术措施。

课题 1　轻集料空心小型砌块隔墙

1.1　轻集料小型砌块隔墙材料及选用

轻集料小型砌块是以水泥为胶结料，以各种轻集料为填充材料，经计量、搅拌、成型、养护等工艺制成的新型墙体材料。轻集料根据其来源的不同主要可以分为天然轻集料（如火山渣、浮石等）、人造轻集料（如各种陶粒、膨胀珍珠岩等）和工业废渣轻集料（如自燃煤矸石、炉渣等）。轻集料混凝土砌块可以根据其用途的不同、集料种类的不同制成砂轻、全轻和无砂大孔的建筑砌块。

1.1.1　轻集料小型砌块的规格品种

轻集料小型空心砌块两端带有凹凸槽口，组砌时相互咬合形成整体，故简称连锁砌块。其中主规格有长×宽×高为 400mm×90mm×200mm 和 400mm×150mm×200mm 两种砌块系列。墙体厚度：90、150、180mm（2×90）三种。设计时内隔墙长度可按 1m 设计，不同平面形状可用 8 种块型进行组合，但最小墙垛尺寸为 200mm。轻集料小型砌块规格、型号见表 6-1。

轻集料小型砌块规格、型号　　　**表 6-1**

系列	型号	长×宽×高(mm)	用途	系列	型号	长×宽×高(mm)	用途
90系列	K412	400×90×200	主规格块	150系列	K422	400×150×200	主规格块
	K312	245×90×200	辅助块		K322	275×150×200	辅助块
	K212	200×90×200	辅助块		K222	200×150×200	辅助块
	K211	200×90×200	辅助块		K221	200×150×100	辅助块
	K412A	400×90×200	洞口块		K422A	400×150×200	洞口块
	K312A	290×90×200	转角块		K322A	290×150×200	转角块
	G211	200×90×100	过梁块		G221	200×150×100	过梁块
	K212B	200×90×200	调整块		K222B	200×150×200	调整块

1.1.2 轻集料小型砌块的主要性能

轻集料小型砌块具有轻质、保温、隔声、耐火等优良性能。产品主要用于各类建筑的非承重墙体，经过特殊加工或在较低层的建筑工程中也可以用于承重墙体。轻集料小型砌块的物理力学性能指标见表 6-2。

轻集料小型砌块的物理力学性能指标　　　表 6-2

序　号	项　　目		90mm 砌块	150mm 砌块
1	吸水率		<22%	<22%
2	相对含水率		≤40%	≤25%
3	表观密度		<800kg/m³	<800kg/m³
4	砌块抗压强度	平均值	>2.5MPa	>2.5MPa
		最小值	>2.0MPa	>2.0MPa
5	抗冻性能 D15	强度损失	≤25%	<25%
		质量损失	≤5%	<5%

1.2 轻集料小型砌块隔墙构造与施工图

1.2.1 隔墙连接构造

隔墙砌块排块图　90 厚无洞口墙砌块排块图，见图 6-1。

　　　　　　　　90 厚有洞口墙砌块排块图，见图 6-2。

1.2.2 隔墙与结构主体、门窗的连接构造

内隔墙与楼、梁地面连接节点，见图 6-3。

内隔墙与墙体连接节点，见图 6-4。

隔墙砌块与钢、木、铝门窗框连接，见图 6-5。

1.3 隔墙施工工艺

1.3.1 施工准备

(1) 材料准备

建筑工程质量的保证，其所用材料是关键因素之一。因此所有进入施工现场的材料必须经过验收合格并且符合相应规范和设计要求方可使用。

1) 粘结料：525 普通硅酸盐水泥（GB 175—1999）。

2) 轻集料：浮石（GB/T 17431.1—1998）。

3) 掺合料：Ⅱ级粉煤灰（GB 1596—1991）。

4) 胶粉：水＝1∶0.25（重量比）。

5) 用料：90mm 轻集料小型空心砌块，150mm 轻集料小型空心砌块，水泥质胶粘剂，水泥轻集料凝土，$\phi6$，$\phi10$，$\phi12$ 钢筋等。

6) 砌块不宜直接堆放在地面上，最好堆放在草袋、煤渣等垫层上，以免砌筑面受到污染。

7) 砌块的规格、数量必须配套，不同类型分别堆放。

(2) 技术准备

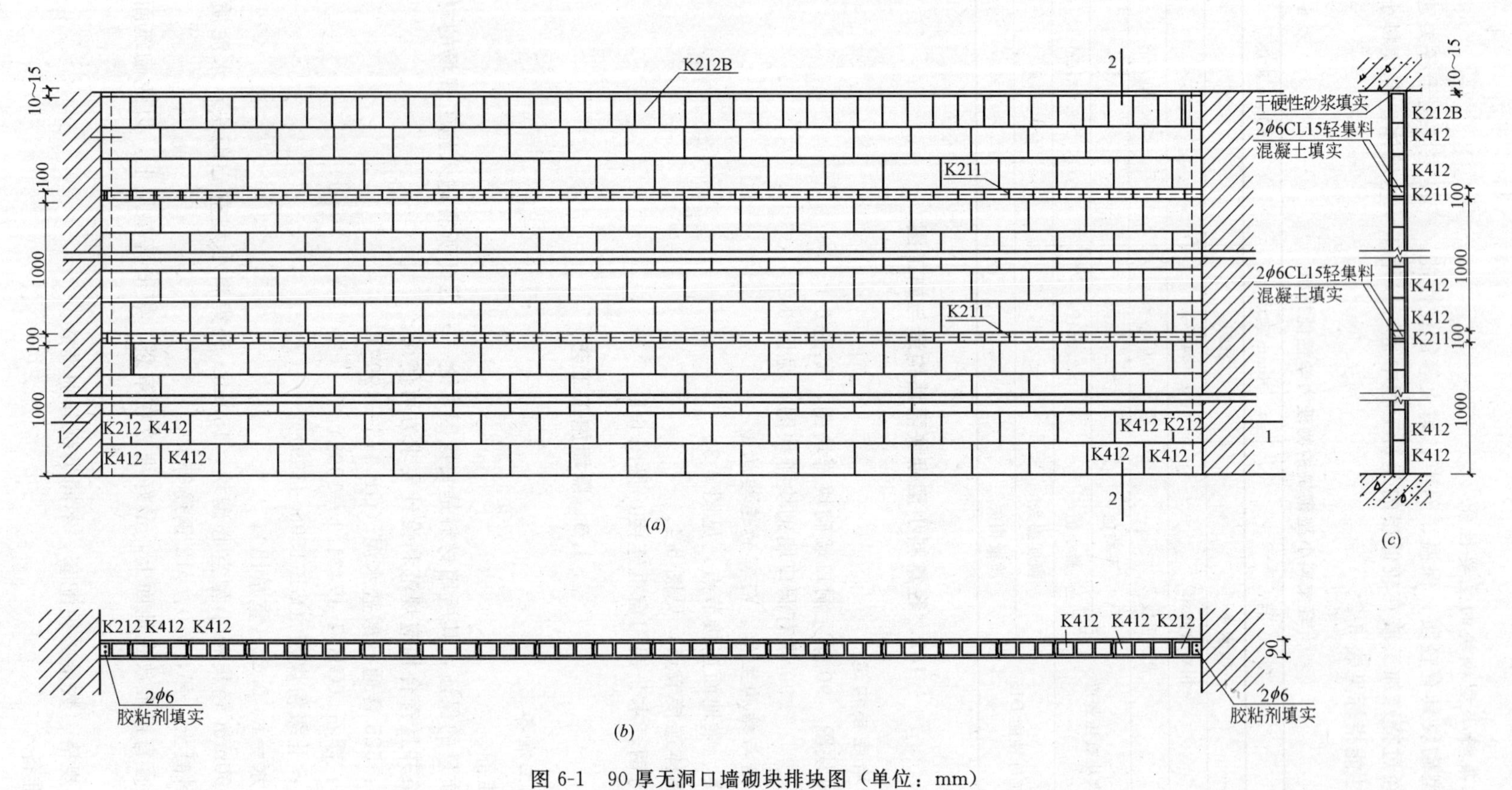

图 6-1　90 厚无洞口墙砌块排块图（单位：mm）

（*a*）立面图；（*b*）1—1 剖面；（*c*）2—2 剖面

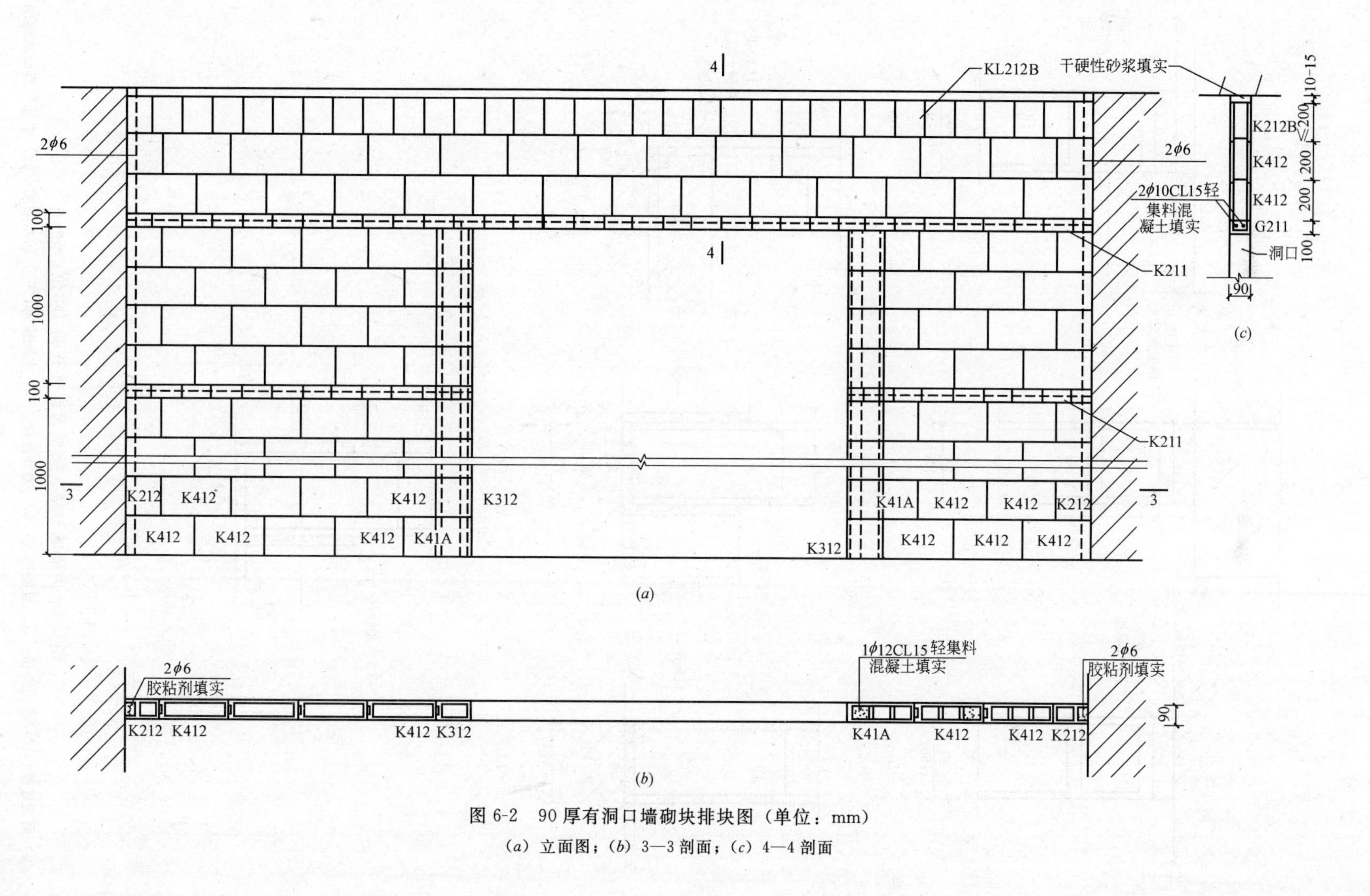

图 6-2　90 厚有洞口墙砌块排块图（单位：mm）

（*a*）立面图；（*b*）3—3 剖面；（*c*）4—4 剖面

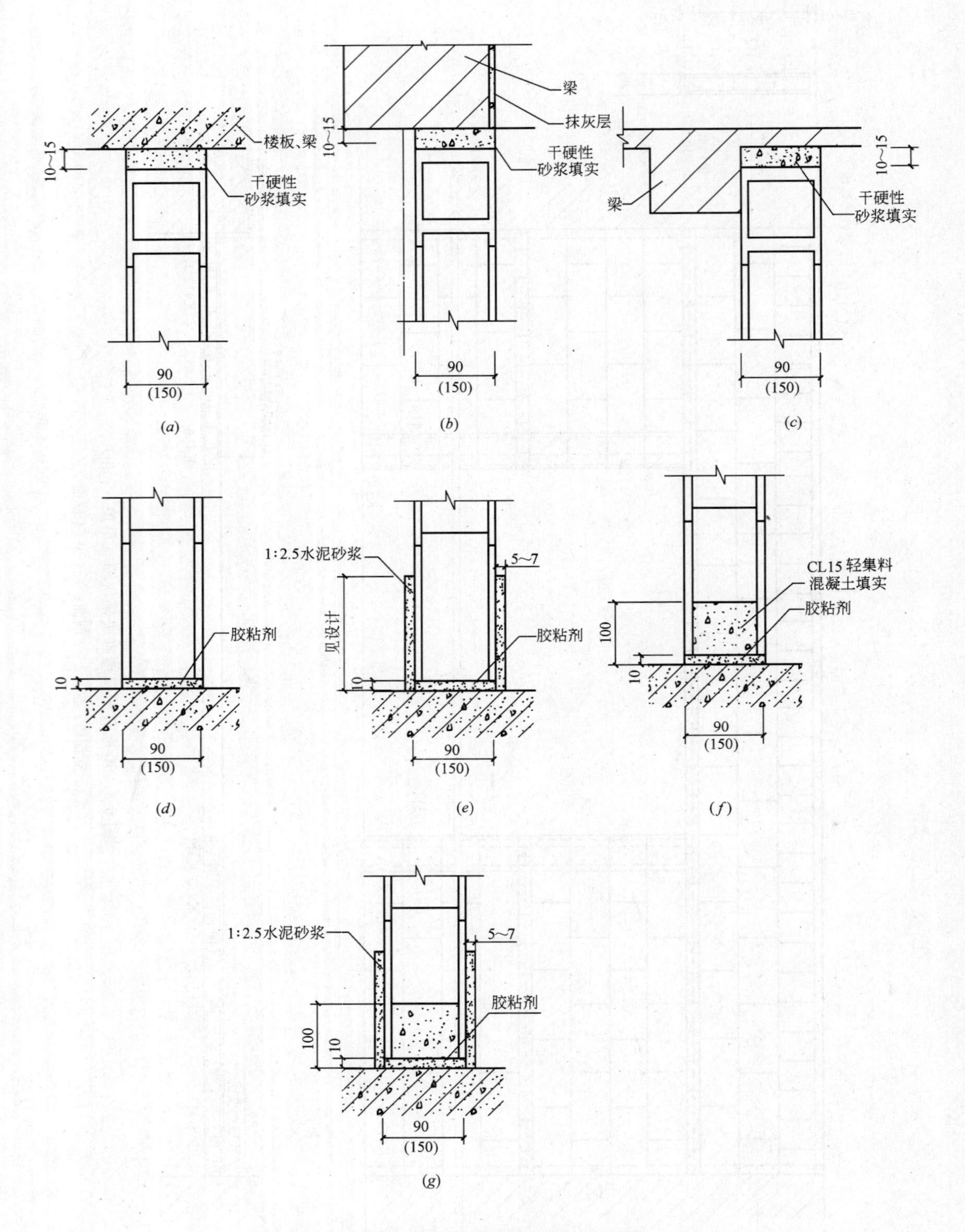

图 6-3　内隔墙与楼、梁地面连接节点（单位：mm）

(a) 梁板连接；(b) 梁边连接；(c) 梁侧连接；(d) 地面连接；(e) 水泥踢脚；(f) 防水隔墙；(g) 水泥踢脚防水隔墙

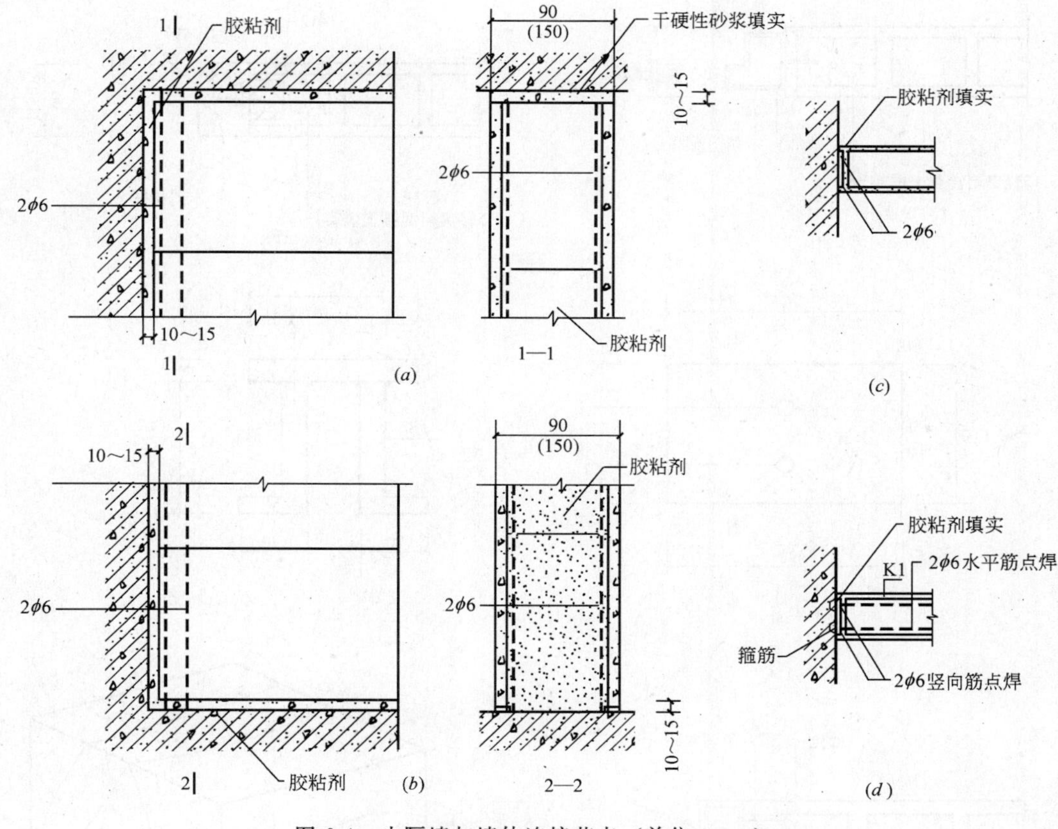

图 6-4　内隔墙与墙体连接节点（单位：mm）

(a) 墙边钢筋与梁板连接；(b) 墙边钢筋与地面连接；(c) 砌块与墙体连接；(d) 箍筋焊接

1）编制轻集料空心砌块隔墙的工程施工方案和施工组织，并对工人进行书面技术、安全交底，强调各种机具的使用和注意事项。

2）准备好垂直、水平运输和安装的机械，安装砌块的专用夹具和有关的工具。

3）吊装砌块的顺序一般是按施工段依次进行。

4）砌块的堆放应使场内运输路线最短，制作好皮数杆，并将皮数杆竖立。

1.3.2　编制砌块排列图

参见图 6-1，图 6-2。

1.3.3　砌块施工工艺

砌块施工主要工序是：铺灰→吊砌块就位→校正→灌缝。

(1) 铺灰

砌块墙体所采用的砂浆应具有良好的和易性，砂浆稠度采用 60～80mm，铺灰应均匀平整，长度一般以不超过 5m 为宜。冬季和夏季应符合设计要求。灰缝的厚度应符合设计要求。

(2) 吊砌块就位

吊砌块就位应从转角处或定位砌块处开始，按照砌块排列图将所需砌块集中到吊装机械旁。吊装砌块时夹具应避免偏心。砌块就位时，应使夹具中心尽可能与墙身中心线在同

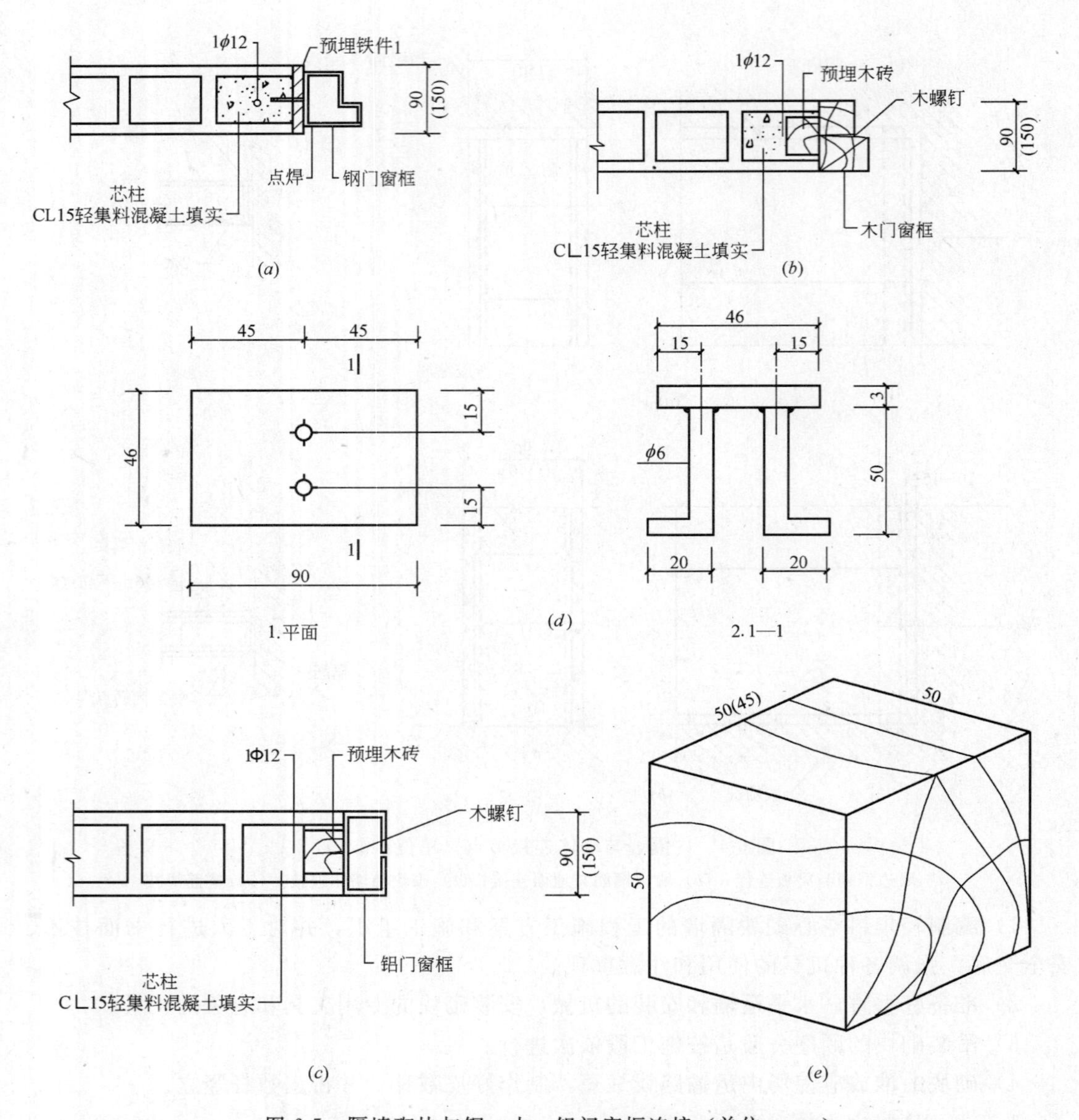

图 6-5 隔墙砌块与钢、木、铝门窗框连接（单位：mm）

(a) 与钢门窗框连接；(b) 与木门窗框连接；(c) 与铝合金门窗框连接；(d) 预埋件（一）；(e) 预埋木砖轴测图

一垂线上，对准位置缓慢、平稳地落在砂浆层上，待砌块安放稳定后方可松开夹具。

(3) 校正

用锤球或托线板查垂直度，用拉准线的方法检查水平度。

(4) 灌缝

砌块就位校正后即灌注竖缝。灌竖缝时，在竖缝两侧夹住砌块，用砂浆或细石混凝土进行灌缝，用竹片或捣杆捣密实。当砂浆或细石混凝土稍收水后，即将竖缝和水平缝勒齐。

1.3.4 施工要点

(1) 根据建筑设计图纸要求画出内隔墙空心砌块排块图。内隔墙部位，在楼板面和两端墙面或柱面放出墙体中心线和边线。然后在楼板上排内隔墙第一皮、第二皮轻集料空心砌块。

(2) 在内隔墙两端墙面或柱面剔出箍筋或打 M8 膨胀螺栓，安装内隔墙两端竖向钢筋 (2ϕ6) 与箍筋或 M8 膨胀螺栓点焊。

(3) 用水泥质胶粘剂砌筑轻集料空心砌块。砌至腰带部位，在腰带砌块内放 2ϕ6 筋，与两端 2ϕ6 竖向钢筋点焊，在芯柱部位插上 1ϕ12 筋，腰带和芯柱孔中灌注 CL15 轻集料混凝土。

(4) 继续砌筑轻集料空心砌块。洞口上砌过梁砌块，过梁两侧砌腰带砌块，过梁内放 2ϕ10 筋，腰带内放 2ϕ6 筋，腰带和芯柱内灌注 CL15 轻集料混凝土。

(5) 继续砌筑轻集料空心砌块，在梁、板底砌筑调整砌块。调整砌块距梁、板底留 10～15mm 缝，缝内用干硬性砂浆填实。

(6) 在已砌筑的内隔墙上安装电气插座开关时，应用云石机或钻孔机开出新的孔洞，再进行安装各种设备。

1.4 隔墙施工质量验收标准与检验方法

轻集料空心砌块内隔墙，除满足《砌体工程施工质量验收规范》(GB 50203—2002) 规定的砌体一般尺寸允许偏差要求外，表面平整度用 2mm 靠尺检验，允许偏差 2mm。

内隔墙顶部干硬性砂浆填实的检查方法：砂浆与楼板底或梁底不允许有缝隙。

1.5 轻集料空心砌块隔墙施工注意问题

注意砌块的组砌方式，上下皮砌块错缝搭接长度一般为砌块长度的 1/2，或不小于砌块皮高的 1/3，也不应小于 150mm。

在水平灰缝中设置钢筋或钢筋网片。

做好芯柱及其构造要求。

课题 2 砌块隔墙训练作业

训练 1 根据隔墙平面图绘制典型墙体的立面图

(1) 目的：掌握根据砌块隔墙平面图绘制墙体的立面图的基本知识与能力。

(2) 要求：通过对典型砌块隔墙平面图的识读，确定砌块隔墙的种类、具体位置、墙体厚度、墙体长度、墙体高度、墙体上门窗洞口尺寸位置等，然后根据砌块隔墙平面图绘制出墙体的立面图。

(3) 准备：由教师选择现成的砌块隔墙平面图，或由专业教师根据训练要求自行设计绘制成轻质砌块隔墙平面图。隔墙上宜有一定数量的门窗洞口。

(4) 步骤：先识读平面图及说明，然后绘制立面图。

(5) 注意事项：当平面图中缺少必要的标高和尺寸、而不能确定隔墙高度或尺寸时，宜提供结构施工图，或加以说明。

训练 2 绘制隔墙与结构主体、门窗框的连接节点图

(1) 目的：掌握砌块隔墙构造详图识读与绘制的基本知识与能力。

（2）要求：通过对典型砌块隔墙平、立、剖面图的识读，确定隔墙具体位置、墙体厚度、墙体长度、墙体高度、墙体上门窗洞口尺寸位置以及与结构主体、门窗框的连接方式等。

（3）准备：由教师选择现成的一套砌块隔墙平、立、剖面图，或由专业教师根据训练要求自行设计绘制平、立、剖面图。图中出现的隔墙高度不同（例如梁底或板底），隔墙中宜有转角和一定数量的门窗洞口。

（4）步骤：先识读平、立、剖面图。再绘制砌块隔墙与结构主体、门窗框的连接节点图。

（5）注意事项：让学生熟悉砌块隔墙与结构主体、门窗框的连接节点图的不同构造做法。

思考题与习题

1. 轻集料小型砌块是怎样的一墙体材料？有什么特点？
2. 请说出轻集料砌块隔墙的质量验收方法。

单元7 轻质隔墙实训方案

知 识 点： 轻质隔墙施工操作综合技能，组织施工作业与检验批的质量验收。

教学目标： 选择典型轻质隔墙构造形式，在实训教师与技工师傅的指导下，进行实际操作实训。通过综合技能专项实训，结合轻质隔墙、抹灰、门窗、饰面板（砖）、细部等装饰工程施工的相关岗位要求，强化学生识读轻质隔墙装饰施工图与识别轻质隔墙常用构造的能力。通过组织轻质隔墙基层与饰面的施工作业，使学生能根据施工现场作业条件与任务编制分项工程作业面的施工作业计划书，进行测量放样，选用常规施工机具进行操作并学会日常维护，能掌握质量验收标准与检验方法组织检验批的质量验收，能组织实施成品与半成品保护与劳动安全技术措施。

课题1 轻钢龙骨纸面石膏板安装

1.1 实训要求

(1) 掌握轻钢龙骨纸面石膏板隔墙的施工程序和工艺要求。

(2) 掌握各施工程序中安装技术，规范操作。

(3) 熟练掌握各工序操作中的基本方法。

(4) 了解轻钢龙骨纸面石膏板隔墙的质量要求、允许偏差及质量检查方法。

1.2 实训准备

(1) 施工材料准备

沿地、顶龙骨、竖向龙骨、水平龙骨、通贯横撑龙骨、减振条、连接件、纸面石膏板、自攻螺钉、嵌缝腻子、接缝纸带、门、窗框各一档等。

(2) 施工机具准备

射钉枪、电动型材切割机、电动螺钉旋具、木工锤、脚踏板、丁字撬棍、铅锤、墙纸刀、腻子刮铲、钢卷尺、水平尺等常用工具。

(3) 实习场地

实习教室，每人约 $4m^2$。

1.3 相关知识和操作要领

(1) 施工程序

清理现场——墙位放线——墙基施工——安装沿地、沿顶、沿墙龙骨——安装竖龙骨、横撑龙骨或贯通龙骨——粘、钉纸面石膏板——水暖、电气钻孔、下管穿线——填充隔热、隔声材料——安装门框——粘、钉石膏板——接缝及护脚处理——安装水暖电气设备预埋件的连接固定件——饰面装修——安装踢脚板。

(2) 操作要领

1) 定位放线

根据设计图纸确定的墙位，在地面放出墙位线并将线引至顶棚和侧墙。

2) 墙垫制作

先对墙垫与楼、地面接触部位进行清理后涂刷 YJ302 型界面处理剂一道，随即打 C20 素混凝土墙垫，墙垫上表面应平整，两侧应垂直。

3) 安装沿地、顶龙骨

用射钉固定，中距 900mm，射钉位置应避开已敷设的管线部位。

4) 安装竖向龙骨

根据所确定的龙骨间距就位。当采用暗接缝时则龙骨间距应增加 6mm（如 450mm 或 600mm 龙骨间距则为 453mm 或 603mm 间距）；如采用明接缝时，则龙骨间距按明接缝宽度确定。对已确定的龙骨间距，在沿地、沿顶龙骨上分档画线。当隔墙上设有门（窗）时，应从门（窗）口向一侧或两侧排列。龙骨的上下端除有规定外一般应与沿地、沿顶龙骨用铆钉或自攻螺钉固定。在现场截断时，应一律从龙骨的上端开始，冲孔位置不能颠倒，并保证各龙骨的冲孔高度在同一水平。

5) 安装门口立柱

根据设计确定的门口立柱形式进行组合，在安装立柱的同时，应将门口与立柱一并就位固定。

6) 水平龙骨的连接

横龙骨与竖龙骨间不宜先行固定，在石膏板安装时可适当调整，以适合石膏板尺寸的允许公差。龙骨位置随石膏板安装可进行局部调整。横龙骨和竖龙骨如需固定，可随石膏板安装同时进行。

7) 安装通贯横撑龙骨

通贯横撑龙骨必须与竖向龙骨的冲孔保持在同一水平上，并卡紧牢固，不得松动。

8) 填充物安装

填充物可为岩棉、玻璃棉等。填充物必须按照要求安装牢固，不得松脱下垂。填充物厚度按设计要求确定。

9) 纸面石膏板安装

(a) 对于普通隔墙，纸面石膏板可以纵向安装，也可以横向安装。但两种安装方法相比较，纵向安装效果好，这是由于纸面石膏板的纵向板边由竖向龙骨来支承，既牢固又便于施工。对于有耐火要求的墙体，纸面石膏板一定要纵向安装。

(b) 在建筑物伸缩缝、承重构件的活动接缝处应考虑纸面石膏板与其底基结构处留有膨胀缝。通常，大面积（大于 $50m^2$）的墙体，其伸缩缝间距为 8～10m；地面直通墙的伸缩缝间距为 15～20m。

(c) 纸面石膏板也有单层或双层设置的，如果是双层设置的纸面石膏板，则要注意第二层形成的板缝与第一层之间形成的板缝要相互错开。

10) 板缝处理

(a) 暗缝做法

在板与板的拼缝外，嵌专用胶液调配的石膏腻子与墙面找平，并贴上接缝纸带（5cm宽），而后再用石膏腻子刮平。

（b）凹缝做法

称明缝做法，用特制工具（针锉和针锯）将墙面板与板之间的立缝，勾成凹缝。

（c）平面缝的嵌缝

a）清理接缝后用小刮刀将嵌缝石膏腻子均匀饱满地嵌入板缝，并在接缝处刮上宽约60mm，厚约1mm的腻子。随即贴上穿孔纸带，用宽为60mm的腻子刮刀，顺着穿孔纸带方向，将纸带内的腻子挤出穿孔纸带，并刮平、刮实，不得留有气泡。

b）用宽为150mm的刮刀将石膏腻子填满宽约150mm宽的带状的接缝部分。

c）再用宽约150mm的刮刀，再补一道石膏腻子，其厚度不得超过纸面石膏板面2mm。

d）待腻子完全干燥后（约12h），用2号砂布或砂纸打磨平滑，中部可略微凸起并向两边平滑过渡。

1.4 实训注意事项

（1）墙体收缩变形以及板面裂缝隙：竖向龙骨紧顶上下龙骨，没有伸缩量，超过12m的墙体未做变形缝，易造成墙面变形，隔墙周边应留3mm的空隙，以减少因温度、湿度的影响产生的变形和裂缝，重要部位必须附加龙骨。

（2）墙体罩面板不平：龙骨安装错位等原因。

（3）明、凹缝不匀：罩面板缝隙没有作好，施工时应注意板块分档尺寸，保证板间拉缝一致。

（4）轻钢骨架连接不牢固：可能是局部接节点不符合构造要求，钉间距、位置、连接方法不符合设计要求。

1.5 操作练习

（1）实训小组：2～3人。

（2）工程量：3～5m长一段隔墙，墙上宜设一个门框和窗框。

课题2 活动隔墙安装

2.1 实训要求

（1）掌握活动隔墙的施工程序和工艺要求。

（2）掌握各施工程序中安装技术，规范操作。

（3）熟练掌握各工序中操作中的基本方法。

（4）了解活动隔墙的质量要求、允许偏差及质量检查方法。

2.2 实训准备

（1）施工材料准备

所用木材的品种、规格、质量符合设计要求，符合国家标准的规定。

木材的含水率不大于12%并符合设计要求。

板的甲醛含量符合符合设计要求，符合国家标准的规定。

材料的燃烧性能等级符合设计要求，符合国家标准的规定。

五金构件、连接件符合设计要求，符合国家标准的规定。

（2）机具准备

射钉枪、电动型材切割机、电动螺钉旋具、木工锤、脚踏板、丁字撬棍、铅锤、墙纸刀、电钻、木工雕刻机、钢卷尺、水平尺等常用工具。

（3）实习场地

实习教室，每人约 $4m^2$。

2.3 相关知识和操作要领

（1）施工程序

弹线定位→钉靠墙立筋→安装沿顶木楞→预制隔扇→安装轨道→安装活动隔扇→饰面。

（2）操作要点

1）弹线定位

根据施工图，在室内地面放出移动式木隔断的位置，并将隔断位置线引至侧墙及顶板，弹线应弹出木楞及立筋的边线。

2）钉靠墙立筋、安装沿顶木楞

做隔断的靠墙立筋，即在墙上打眼、钉木楔、装钉木龙骨架，做沿顶木楞时，应结合吊顶工程，按设计要求制作吊装木结构梁，用以安装移动隔扇的轨道。

3）预制隔扇

首先根据图纸结合实际测量出移动隔断的高、宽净尺寸，并确认轨道的安装方式，然后计算隔断每一块活动隔扇的高、宽尺寸，绘制加工图，隔扇尽可能在专业厂家车间制作、拼装，以保证产品的质量。

4）安装轨道

当采用悬吊导向式固定时，轨道用木螺钉固定在移动式木隔断的沿顶木棱上，有吊顶时，则固定在木梁上，并根据隔扇的安装要求，在地面上设置导向轨。当采用支承导向式固定时，轨道膨胀螺栓按设计要求方式固定于地面，并沿顶木棱上安装导向轨道。安装轨道时应根据轨道的具体情况，提前安装好滑轮，轨道预留开口，一般在靠墙边1/2隔扇附近。

5）安装活动隔扇

首先应根据安装方式，先准确地画出滑轮安装位置线，然后将滑轮的固定架用木螺钉固定在木隔扇的上梃或者下梃的顶面上。隔扇逐一装入轨道后，推移到指定位置，调整各片隔扇，当每扇隔扇都能自由地回转且垂直于地面时，便可以进行连接或者做最后的固定。每相邻隔扇用三副铰链连接。

6）饰面

根据设计可以将移动式木隔断芯板做软包或者裱糊墙布、壁纸或者织锦缎，还可以用高档木材实木板镶装或者贴饰面板制作，清漆饰面，也可以镶装刻花玻璃等，应根据设计按相关工艺进行施工装饰。

2.4 注意问题

（1）导轨安装应水平、顺直，不应倾斜不平，扭曲变形。

（2）构造做法、固定方法应符合设计要求。

（3）镶板表面平整，边缘整齐，不应有污垢、翘曲、起皮、色差、图案不完整的缺陷。

（4）与结构连接的木骨架、立筋、木楞、预埋木砖等应做防腐处理，金属连接构件应做防锈处理，使用的防腐剂和防锈剂应符合相关规定的要求。

2.5 操作练习

（1）实训小组：2～3人。

（2）工程量：3～5m长一段隔墙，墙上宜设一个门框和窗框。

课题3 玻璃砖隔墙安装

3.1 实训要求

（1）掌握玻璃砖隔墙的安装方法和工艺要求。

（2）掌握玻璃砖隔墙的安装操作技术，达到规范化要求。

（3）了解玻璃砖隔墙安装的质量要求、允许偏差及质量检查方法。

3.2 实训准备

（1）施工材料准备

1）玻璃组合砖：根据所砌筑隔墙的面积和形状，来计算玻璃砖的数量和排列次序。常用的玻璃砖尺寸有250mm×50mm和200mm×80mm两种。

2）水泥：使用32.5强度等级以上的白色硅酸盐水泥铺砌，两玻璃砖对砌缝的间距为5～10mm。

3）细骨料：采用粒径为0.1～1.0mm的特细砾砂或石英砂。

4）胶粘剂：选择具有透明性的玻璃胶粘剂。

5）轻金属型材或镀锌钢型材：其尺寸为空心玻璃砖厚度加滑动缝隙。

6）钢螺栓和销子至少使用ϕ7mm，镀锌。

7）钢筋：至少使用ϕ6mm，镀锌。

8）砌筑灰浆：使用水泥灰浆

9）硬质泡沫塑料：至少10mm厚，不吸水，用于构成胀缝。

10）沥青纸：用于构成滑缝。

11）硅树脂隔热涂料：用透明的中性颜色。

（2）施工机具准备

电钻、水平尺、木榔头或橡胶榔头、砌筑和勾缝工具等。

（3）实习场地

实训教室，每人约 $4m^2$。

3.3 相关知识和操作要领

(1) 基层处理

1) 根据玻璃砖的排列做出基础底脚。底脚厚度通常为 40mm 或 70mm，即略小于玻璃砖厚度。

2) 将与玻璃砖隔断墙相接的建筑墙面的侧边整修平整、垂直。

3) 如玻璃砖是砌筑在木质或金属框架中，则应先将框架做好。

(2) 单块砖砌筑法

1) 在混凝土墙上安装玻璃组合砖时，开口部要比玻璃组合砖砌筑完后的尺寸大 30～50mm。

2) 根据玻璃组合砖的尺寸分缝。缝的尺寸以 8～10mm。

3) 在框或开口部的两侧和上部的内侧安装缓冲材料。

4) 受力钢筋间隔小于 650mm，伸入纵缝和横缝，并安装在框或结构体上。

5) 把砂浆或防水砂浆分别涂在玻璃组合砖的纵缝和横缝上，不能有空隙，不要错缝，边涂抹边堆砌。

6) 在玻璃组合砖块和框或结构体等接触的部位填充密封材料。

7) 单块砖的砌筑构造，见图 5-2 所示。

3.4 实训注意事项

(1) 弹线定位时应检查房间的方正、墙面的垂直度、地面的平整度以及标高。考虑墙、地面、吊顶的做法和厚度，以保证安装玻璃隔断的质量。

(2) 框架应与结构连接牢固，四周与墙体接缝用弹性密封材料填充密实，保证不渗漏。

(3) 玻璃砖在安装和搬运过程中，避免碰撞，并带有防护装置。

(4) 采用吊挂式结构形式时，必须事先反复检查，以确保夹板夹牢或粘结牢固。

(5) 玻璃砖对接缝处应使用结构胶，并严格按照结构胶生产厂家的规定使用，玻璃周边应采用机械倒角磨光。

(6) 嵌缝橡胶密封条应具有一定的弹性，不可使用再生橡胶制作的密封条。

3.5 操作练习

(1) 实训小组：2～3 人。

(2) 工程量：2m 左右。

课题 4 轻质砌块隔墙砌筑

4.1 实训要求

(1) 掌握轻质砌块隔墙的安装方法和工艺要求。

(2) 掌握轻质砌块隔墙的安装操作技术，达到规范化要求。

(3) 熟练掌握砌砌块操作中的基本方法。

(4) 了解轻质砌块隔墙安装的质量要求、允许偏差及质量检查方法。

4.2 实训准备

(1) 施工材料准备

90mm 轻集料小型空心砌块、150mm 轻集料小型空心砌块、水泥质胶粘剂、轻集料混凝土、ϕ6、ϕ10、ϕ12 钢筋等。

(2) 施工机具准备

大铲、水平尺、钢卷尺、砌筑和勾缝工具等。

(3) 实习场地

实训教室，每人约 $4m^2$。

4.3 相关知识和操作要领

(1) 根据建筑设计图纸要求画出内隔墙空心砌块排块图。

(2) 内隔墙部位，在楼板面和两端墙面或柱面，放出墙体中心线和边线。

(3) 楼板上干排内隔墙第一皮、第二皮轻集料空心砌块。

(4) 在内隔墙两端墙面或柱面剔出钢筋或打 M8 膨胀螺栓，安装内隔墙两端竖向钢筋(2ϕ6) 与箍筋或 M8 膨胀螺栓点焊。

(5) 用水泥质胶粘剂砌筑轻集料空心砌块。

(6) 砌至腰带部位，在腰带砌块内放 2ϕ6 筋，与两端 2ϕ6 竖向钢筋点焊，在芯柱部位插上 1ϕ12 筋，腰带与芯柱孔中灌注 CL15 轻集料混凝土。

(7) 继续砌筑轻集料空心砌块。洞口上砌过梁砌块，过梁两侧砌腰带砌块，过梁内放 2ϕ10 筋，腰带内放 2ϕ6 筋，腰带与芯柱内灌注 CL15 轻集料混凝土。

(8) 继续砌筑轻集料空心砌块，在梁、板底砌筑调整砌块。调整砌块距梁、板底留 10～15mm 缝，缝内用干硬性砂浆填实。

(9) 在已砌筑的内隔墙上安装电气插座开关时，应用云石机或钻孔机开出新的孔洞。

4.4 实训注意事项

(1) 砌在墙上的砖必须放平，且灰缝不能一边厚，一边薄，造成砖面倾斜。

(2) 当墙砌起一步架高时要用托线板全面检查墙面的垂直及平整度。

(3) 砌砖必须跟着准线走，俗语叫“上跟线，下跟墙，左右相跟要对平”。

(4) 砌好的墙不能砸。如果墙面有鼓肚，用砸砖调整的办法是不好的习惯。

(5) 砌墙除了懂得基本的操作外，还要在实践中注意练好基本功掌握操作要领。

(6) 注意墙面清洁，不要污损墙面。

(7) 严禁穿凉鞋进入实习场地。

4.5 操作练习

(1) 实训小组：2～3 人。

(2) 工程量：3～5m 长一段隔墙，墙上宜设一个门框和窗框。

参 考 文 献

1 中国建筑装饰协会工程委员会编著. 实用建筑装饰施工手册. 第2版. 北京：中国建筑工业出版社，2004

2 薛健主编. 装修设计与施工手册. 北京：中国建筑工业出版社，2004

3 建筑施工手册编写组. 建筑施工手册. 第4版. 北京：中国建筑工业出版社，2003

4 国家建筑标准设计. 内隔墙建筑构造（2003年合订本），J111～114. 北京：中国建筑标准设计研究院出版，2004

5 杨天佑编著. 建筑装饰施工. 第3版. 北京：中国建筑工业出版社，2003

6 国家建筑标准设计. 内装修（2003年合订本）. J502-1～3. 北京：中国建筑标准设计研究院出版，2004

7 孙科炎主编. 建筑装饰装修工程施工与质量验收实用手册. 北京：中国建材工业出版社，2004